우리 아이가 운동을 시작했어요

스마트폰만 보는 아이, 자연스럽게 운동시키는 법

우리 아이가
운동을 시작했어요

천지애 지음

굿타임

빵점 엄마의 제로 운동 이야기

"엄마 점수 빵점이어도 괜찮습니다.

운동에 대한 부담감을 내려놓고 여유롭게 시작하는,

우리 아이를 위한 스트레스 제로 운동을 전합니다."

어린 시절 하면 무엇이 떠오르시나요? 저는 '빵점'이 떠오릅니다. 느리고 서투르고 부족한 저를 표현하기에 알맞은 단어인 듯합니다. 특히 몸이 빵점이었죠. 초등학교 때 저의 별명은 병든 닭이었습니다. 학교 결석이 잦고 늘 기침을 달고 살았던 기억이 지금도 생생합니다. 엄마의 극진한 병수발 덕분에 무사히 초등학교를 졸업하고 중학교는 결석 없이 학교를 다녔습니다. 엄마는 장기 결석 없이 학교에 다니는 저를 대견하게 여겼습니다.

고등학교 때는 착한 소처럼 살았습니다. 밥 주면 먹고, 때 되면 학교 가고, 집에 오면 자고, 그렇게 있는 둥 없는 둥 조용히 살았습니다. 일주일에 딱 하루만 빼고요. 토요일만 되면 마음도 주변도 소란스러웠습니다. 토요일 3교시 무용 시간. 소가 돼서 주변의 시선을 한 몸에 받게 됩니다. 음악만 나오면 우물쭈물 되새김질하듯 한 동작도 삼키지 못했습니다. 내가 타고난 몸치이고 박치구나, 처절하게 깨달으며 3년 개근으로 고등학교를 졸업합니다.

소처럼 성실했던 저는 엄마의 소원대로 교대에 가게 됩니다. 아마 교대에도 무용 시간이 있다는 것을 알았다면 절대로 그곳에 가지 않았을 겁니다. 교대 무용 시간에도 되새김질 어게인, 좌절 어게인. 소처럼 공부하고 아르바이트하며 다니다 보니 어느덧 졸업이 다가왔습니다.

임용고사 합격 후, 학교에서 처음 만난 아이들은 5학년이었습니다. 아이들 대부분은 체육 시간을 좋아합니다. 그러나 저는 체육 시간이 참으로 싫었습니다. 뻥 뚫린 운동장한가운데 서면 긴장되었습니다. 서른 명 넘는 아이들을 운동장에 모이게 하는 것부터 진땀이 났습니다. 아이들은 운동장에서는 더욱더 말을 잘 듣지 않거든요. 수많은 교실과 아파트 창문으로 누군가 어리바리 초임 교사의 수업을 지켜보며 혀를 끌끌 차고 있지는 않을까, 하는 상상과 함께 하는 체육수업이 잘될 리 없었겠지요.

졸업만 하면, 발령만 받으면 좌절할 일이 없을 줄 알았는데, 체육수업이 저의 발목을 잡은 것입니다. 어쩌면 당연한 일입니다. 몸치이자 박치인 사람이 체육을 가르친다는 것 자체가 쉬운 일은 아닙니다. 가장 못하는 것도 잘 가르쳐야 하는 숙명, 이것이 제 인생 최대 난관이었습니다. 몸치로 남을 것인가? 아니면 체육도 잘 가르치는, 그래서 더이상 좌절할 일이 없는 선생님으로 살아갈 것인가?

저는 포기가 아닌 극복을 선택했습니다. 난관 극복을 위해 댄스스포츠를 배우기 시작했죠. 춤으로 뛰는 놈, 나는 놈을 몸치인 제가 이깁니다. 뛰는 놈 위에 나는 놈 있고, 나는 놈 위에 간절한 놈 있기 때문입니다. 하루 6시간씩 소처럼 춤을 배우고 췄습니다. 그러다 보니 국제댄스스포츠 교사 자격증 2개 보유, 관련 대회 입상, 공연 기획 경험 등의 성과를 이룬 저는 어느덧 춤 선생이 되어 있었습니다.

댄스스포츠를 시작한 이후로 체육도 잘 가르치기 위해 노력했습니다. 석사 과정을 시작으로 박사 졸업을 하게 됩니다. 제 전공은 스포츠교육학입니다. 우리가 흔히 체육교육이라고 알고 있는 학문입니다. 체육교구와 무용교육 앱을 개발하고 체육수업을 연구했습니다. 체육수업을 잘하는 선생님이 되어 수업 컨설팅도 합니다. 대학과 대학원에서 체육을 주제로 강의도 합니다. 실기와 이론, 연구와 현장을 두루 섭렵한 체육학 박사 선생님이 되었습니다. 그리고 다른 스포츠 종목들에도 꾸준히 도전하고 있습니다.

담임교사로 16년, 체육 전담교사로 4년을 보내며 이룬 성과들입니다. 더 정확히 이야기하면 운동하는 삶이 이룬 성과입니다. 이제 저는 더 이상 몸치가 아니고 어떤 운동도 어떤 도전도 두렵지 않습니다. 운동하는 시간이 가져다준 '행복 복리의 힘'을 믿기 때문입니다.

삶에 대한 두려움은 없어졌지만, 한 가지 큰 후회가 남아 있습니다. 운동을 좀 더 일찍 시작하지 않은 것에 대한 회한입니다. 큰맘을 먹어야만 할 수 있는 게 운동이라고 착각했습니다. 운동을 시작할 엄두도 못 내고 소처럼 살아온 지난날을 후회합니다. 좀 더 일찍 운동했더라면 저는 지금보다 더 일찍 삶의 가치를 깨닫고 행복했을 거라고 확신합니다. 그리고 한 가지 소망이 생겼습니다. 초등학교에 다니고 있는 저를 꼭 닮은 딸이 평생 운동하는 삶을 살기를 기도합니다. 딸도 언젠가 엄마가 되겠지요. 딸의 딸과 아들도, 또 그 딸의 아이도⋯. 운동은 큰맘 먹고 시작해야 하는 숙제가 아니라, 즐겁고 행복한 삶을 위한 놀이임을 깨닫게 되기를 바랍니다.

저처럼 운동이란 것이 넘기 힘든 벽처럼 느껴진 적이 있으신가요? 운동을 하려면 돈과 시간뿐 아니라 노력과 재능도 필요하다는 생각을 하고 계신가요? 아이가 즐겁게 운동을 시작할 수 있는 방법을 찾고 계신가요? 아이와 함께 평생 행복하고 건강한 삶을 살게 되길 소망하시나요? 그렇다면 이제 그 해답을 찾을 수 있으실 겁니다. 이 책은 저와 비슷한 화두로 고민하시는 부모님들을 위한 책입니다. 20년간 초등학교 아이들과 함께 생활하며 실천한 교육적 지혜와 체육학 박사로서 얻은 과학적 앎, 그리고 초등학생 자녀를 둔 엄마로서 경험한 삶에 대한 성찰이 빚어낸 이야기입니다.

《우리 아이가 운동을 시작했어요》는 운동 빵점 엄마의 성장기이자, 아이 운동법에 대한 안내서입니다. 모든 것에 서툴렀던 제가 운동을 통해 성장하는 모습을 보고 희망을 얻으시길 기도합니다. 누구나 처음은 '0'입니다. 0부터 시작하면 됩니다. 제로를 부끄러워하지 않는다면 영원한 빵점은 없습니다. 처음부터 백 점 혹은 만 점을 기대하면 시작도 할 수 없습니다. 천천히 여유롭게 시작하는 운동을 저는 '제로 운동'으로 표현했습니다. 영원한 제로가 아닌 시작을 위한 제로라고 이해하면 좋겠습니다.

이 책은 총 세 장으로 구성되어 있습니다. 1장 '빵점 엄마의 운동 이야기'에서는 모든 것에 서툴렀던 여자아이가 철들고 나서 배우게 된 댄스스포츠 이야기가 나옵니다. 이후 출산과 육아라는 암흑기를 줄넘기로 극복하며 엄마로서 아이와 함께 운동해야 할 분명한 이유를 찾아가는 여정을 담았습니다. 이 이야기를 통해 '나는 운동이 영 꽝이에요', '제대로 된 운동이라는 걸 평생 해본 적이 없어요'라는 분들도 충분히 해낼 수 있다는 자신감을 얻을 수 있으실 겁니다.

2장 '우리 아이의 운동 이야기'에서는 아이가 운동을 시작할 때 생기는 다양한 궁금증에 대한 해답을 제시합니다. 우리 아이가 운동을 시작하고 실천할 때 무엇에 중점을 두어야 하는지를 알 수 있습니다. 그동안 아이 운동에 대해서 가졌던 의문점을 하나하나 풀어가며, 아이 스스로 운동을 시작할 수 있도록 용기를 불어넣고 방법을 제시할 수 있는 부모님으로 성장할 수 있도록 도와줍니다.

3장 '스트레스 제로 운동의 비결'에서는 운동을 꾸준히 실천할 수 있는 비결들을 소개합니다. 삶의 모든 것이 그러하듯, 운동의 힘은 스스로 지속할 때 발견할 수 있습니다. 운동에 대한 부담을 내려놓고 운동과 평생 친구로 지낼 수 있는 스트레스 제로 운동 전략을 세워볼 수 있습니다. 운동이 내 삶의 중요한 부분이 되어 평생 친구처럼 함께할 때 진정한 행복에 이를 수 있기 때문입니다.

사실 저는 지금도 빵점 엄마입니다. 김치도 담글 줄 모르고 딸아이와 늘 아웅다웅합니다. 마땅하게 유산으로 물려줄 것도 없는 주머니까지 가벼운 빵점 엄마입니다. 그래도 운동 덕분에 인생을 행복하게 살아갈 자신감만은 빵빵한 엄마입니다. 빵점이어도 괜찮습니다. 가진 것 없는 제로여도 좋습니다. 원래 처음은 0입니다. 그래야 시작할 수 있습니다.

　운동도 스펙이 되어버린 시대에, 아이 운동으로 고민하시는 저를 닮은 서툰 부모님들께 이 책을 전합니다. 마음을 가볍게 먹고, 해야 할 이유를 충분히 이해하고 방법을 궁리하면서 실천하면 됩니다. 운동하는 진짜 이유를 찾고 운동 실천 방법에 대한 해답을 찾을 수 있으실 겁니다. 영원한 빵점이 아닌 시작을 위한 제로를 기억하세요. 우리 아이가 운동을 가벼운 놀이 친구로 여기며 평생 건강하고 진정으로 행복한 삶을 살아가길 희망하는 부모님들께 이 책이 유익한 길잡이가 되기를 바랍니다.

2021년 가을
천지애

1장 빵점 엄마의 운동 이야기

2장 우리 아이의 운동 이야기

 **3장** 스트레스 제로 운동의 비결

빵점 엄마의 운동 이야기

백 점을 기대하지 마세요.
빵점을 인정해도 괜찮아요.
가벼운 마음으로 하나씩 시작할 수 있으니까요.

내 별명은 병든 닭

'아스마'라는 약을 아시나요? 제가 어렸을 적에 기침이 심해서 늘 달고 살았던 약입니다. 아스마는 '천식'을 뜻한다고 하네요. 아마 천식 환자처럼 기침을 많이 하는 사람들이 복용하는 감기약이었던 것 같습니다. 지금도 그 탁한 갈색 병과 구역질 나는 역한 냄새가 기억납니다. 왜 그리 아팠는지 모르겠지만 늘 아팠던 기억과 엄마의 한숨 소리가 생생합니다. 엄마는 찬바람 들지 않게 망토로 저를 가리고 업어서 병원에 가는 게 일이었습니다.

제가 엄마가 되고 제 딸이 아플 때, 그때 비로소 알게 되었습니다. 엄마가 참 많이 힘들었겠다고요. 제 딸도 저를 닮아 어릴 때 자주 입원했습니다. "내가 너 때문에 금반지까지 팔았다"라는 말이 무슨 의미인지 엄마가 되고 나서야 알게 되었습니다. 의료보험도 없는 가난한 집안에서 태어난 첫 아이가 자주 아파서 지금의 저보다 훨씬 어렸던 엄마는 애간장이 끓었을 겁니다.

아빠는 늘 비실거리는 저에게 '병든 닭'이라고 하셨습니다. 딸을 병든 닭이라고 놀리는 아빠의 그 지긋지긋한 심정을 이해합니다. 돈이 좀 모일 만하면 제가 아팠거든요. 지겹도록 아픈 딸에게 뭐라도 해주고 싶으셨는지, 어느 날 아빠가 저에게 깜짝 보양식을 해주셨습니다. 당시 아빠는 세탁소를 하셨는데, 하루는 세탁소 앞을 지나가는 개구리 소년들이 아빠의 눈에 띄었습니다. 개구쟁이 남자아이들이 개구리를 잡아서 꼬챙이에 줄을 맞춰 끼워서 들고 다니며 용돈벌이를 하고 있었죠. 아빠는 소년들이 가지고 있는 모든 개구리를 사셨습니다. 그리고 큰 솥에 삶아서 닭고기라며 저에게 주셨습니다. 아직도 그 얇은 뒷다리 뼈가 기억납니다. 딸기와 함께 먹었던 그 고기가 제 인생에서 제일 맛있는 고기였습니다. 병든 닭처럼 비실비실한 딸이 뭐라도 먹고 기운을 좀 차렸으면 하는 아빠의 사랑이 담긴 고기였으니까요.

저에게는 세 살 터울의 여동생이 있습니다. 튼튼한 동생은 아빠의 사랑을 독차지한 골목대장이었습니다. 아빠는 동생을 '씩씩이'라고 불렀습니다. 저의 별명과는 너무도 대조적이지요? 저는 동생 옷을 물려 입을 정도로 왜소했습니다. 입학식 날 엄마는 저를 사이에 두고 선생님과 숨바꼭질을 했습니다. 제가 제일 앞에 서 있는 게 싫었던 엄마는 저를 자꾸 중간에 끼워놓고 가셨고, 선생님은 귀신같이 도로 앞에 세웠습니다. 몇 번의 실랑이가 계속된 후 선생님은 엄마 들으시라고 "누가 자꾸 너를 여기다 놓는 거니?"라고 하셨고 그 뒤로 6년간 제 자리는 늘 1번이었습니다. '앞으로 나란히' 할 때 팔은 안 들어도 되었지만, 그래도 작은 키는 지금까지도 콤플렉스입니다.

입학하고 나서 먹은 한약이 잘못되었는지 아니면 그저 몸이 약해서였는지 늘 코피가 났습니다. 코만 살짝 건드려도 피가 멈추질 않아서 고생을 많이 했습니다. 안 그래도

내 별명은 병든 닭

약한 딸이 코피를 질질 흘리는 모습을 보며 엄마는 늘 수심에 가득 찬 눈으로 저를 바라보셨습니다. 엄마에게 가장 자주 들었던 말은 "도대체 너는 왜 이렇게 아픈 거니?"였습니다. 그런 엄마를 볼 때마다 어린 마음에도 미안해서 저는 참으면 더 나오는 기침을 억지로 참았습니다.

한동안 기침이 멈추질 않아서 병원에 갔더니 폐렴이라고 했습니다. 입원해야 하는데 입원비가 없어서 통원치료를 하게 되었지요. 덕분에 저는 하루에 두 번씩 병원까지 걸어서 주사를 맞으러 다녀야 했습니다. 양쪽 엉덩이가 온통 꺼메질 정도로 주사를 맞았습니다. 그 지경이 되면 맞을 때는 감각이 전혀 없지만, 문지를 때 너무 아파 비명과 함께 눈물이 쏟아집니다. 호된 주사 맞기를 끝내고 집에 돌아오기 위해 교회 근처 언덕길을 내려오는데, 숨이 가빠왔습니다. 이러다 내가 죽겠구나, 하는 생각이 들 정도로 숨 쉬는 게 힘들었습니다. 추운 겨울 석양빛을 어그러지게 만들던 눈물을 훔치며 집에 왔던 기억을 웃으며 이야기할 수 있는 지금에 새삼 감사합니다.

1, 2학년 때는 심하게 아프면 하루 이틀이 아니라 거의

한 달씩 결석했습니다. 지금 생각해보면 담임선생님께서 아동학대로 의심할 정도로 장기 결석이 잦았습니다. 간신히 숨만 쉬고 살았던 듯합니다. 아프면 소심하고 내성적으로 됩니다. 몸이 왜소해도 내성적인 성격이 되기 쉽다는 것을 저는 저의 성장 과정을 통해 체득했습니다. 아픈 것도 힘든데 가족들에게 짐이 되고 있다는 미안함이 더욱 조용하게 만듭니다.

지금도 엄마는 종종 이야기합니다. "너를 키울 때 아픈 것 빼고는 수월했다. 정말 조용했어. 있는 듯 없는 듯." 이 말을 들으며 저는 속으로 이렇게 생각합니다. '아닐 텐데…. 힘든 게 한 가지 더 있었을 텐데.' 그 한 가지를 제가 아이를 키우며 알았습니다. 아이가 밥을 제대로 먹지 않는 것이 얼마나 고역인 줄을요. 밥 잘 안 먹는 아이가 얼마나 키우기 힘든지 경험해보신 분들은 잘 아실 거예요. 저도 어릴 때는 정말 밥 먹기 싫었습니다. 그런데 이 부분에서는 저 나름대로 할 말이 있습니다. 밥이 정말 맛이 없었거든요.

'정부미'라는 말을 아시나요? 쉽게 말해 나라에서 싸게 파는 쌀입니다. 질이 좋을 리가 없습니다. 몇 년 묵은 쌀로 밥을 하니 밥맛이 좋을 리가 없겠지요? 옆집 아줌마네에서 밥을 잘 먹는 저를 보고 엄마가 놀라셨는데, 그 집은 우리 집과 쌀이 달랐던 것입니다. 정부미 사지 말고 햅쌀 사서 먹으라는 아주머니의 말씀에 엄마가 "비싸서 못 바꿔요"라고 했던 말이 기억납니다.

엄마는 저보다 더 빵점 엄마였습니다. 이제는 엄마를 객관적으로 생각할 수 있는 나이가 되었으니 하는 말입니다. 그 당시 엄마는 좋은 식자재를 살 여유도 없었고, 요리할 시간도 없었습니다. 아빠랑 가게를 하며 하루하루 버텨내기 바빴습니다. 그 정신없는 와중에 나름대로 정성을 다해 차린 끼니를 온종일 입에 물고 있는 제가 참 야속했을 겁니다. 그래서 빨리 안 먹는다고 등짝 스매싱도 종종 맞았습니다. 산더미처럼 쌓인 일들을 생각하며 조바심이 생겼을 엄마의 마음을 이제는 이해할 나이가 되었습니다.

그때의 빵점 엄마에게 꼭 드리고 싶은 말이 있습니다. "불평하지 않고 할 수 있는 최선을 다해 차려낸 엄마의 그 밥으로 가족 모두가 버텼습니다." 지금은 엄마 밥을 먹으며 이렇게 말씀드립니다. "어릴 때는 밥이 맛없었는데, 오늘은 정말 맛있네." 좋은 재료로 시간적인 여유를 가지고 만드는 요리가 맛이 없기는 어려우니까요.

등짝 스매싱에 정신을 차리고 밥을 꾸역꾸역 삼키고 나면 학교로 향했습니다. 늘 수업의 시작은 받아쓰기였습니다. 결석이 잦은 저에게 공부는 사치였습니다. 공부할 만큼의 체력이 없었으니까요. 간신히 숨만 쉬며 살았던 듯합니다. 그래도 "자, 받아쓰기 준비하세요. 1번! 나비가 훨훨 날아다닙니다"라는 문장을 들으면 두근두근했습니다. 공부를 안 했어도 오늘은 시험 잘 보기를 기도합니다. 빵점을 좋아하는 사람은 없으니까요. 다만 빵점에 익숙해질 뿐이죠. 저 역시 빵점에 익숙해졌습니다.

제가 선생님이 되고 나서 5년 만에 처음으로 1학년 담임이 되었을 때였습니다. 받아쓰기 시험을 보며 '지금 이 아이들도 그때의 나처럼 떨리겠지?'라는 생각이 들자, 나도 모르게 여러 가지 감정에 울컥했던 기억이 납니다. 고작 하나 틀렸다고 우는 아이도 있고, 하나도 쓰지 못하고 있다가 시험 끝났으니 좋다고 소리치며 화장실로 뛰어가는 아이도 있습니다. 그런 아이들을 보며 아수라장 교실 속에서 하나하나 배워갑니다. '다 괜찮다'는 것을요. 빵점 맞았다고 우는 아이에게 "선생님도 어릴 때 맨날 빵점만 맞았는데"라고 이야기해줄 수 있어서 다행이라고 생각합니다.

선생 똥은 개도 안 먹는다는 말이 있지요. 맞습니다. 정말 1학년은 말하는 원숭이들입니다. 속이 타들어 갑니다. 그래도 1학년 담임이 1학년 아이들만큼 설레는 이유는 어린 저를 매일 다시 볼 수 있기 때문입니다. 다양한 빵점 친구들이 친근합니다.

줄넘기 급수를 통과하지 못하는 빵점 친구들에게도 희망의 말을 건넬 수 있습니다. "선생님은 어릴 때 자주 넘어지고, 줄넘기를 할 엄두도 못 냈어. 늘 아팠거든." 저에게 운동은 사치였습니다. 생각해보니 공부보다 운동이 더 빵점이었네요. 아예 시도조차 생각해보지 못했으니까요. 공부보다 안 아픈 게 먼저였던 저는 늘 가만히 있었습니다. 그래서 남들보다 모든 것이 느릴 수밖에 없었습니다.

한글도 늦게 깨우쳤습니다. 처음으로 국어책을 읽었던 날을 기억합니다. 초록색 바탕에 나무가 그려진 종이 위에 이렇게 쓰여 있었습니다. "나무가 쑥쑥 자랍니다. 우리도 쑥쑥 자랍니다." 엄마는 '쑥'이라는 어려운 글자를 읽었다며 칭찬해주셨습니다.

이 글을 읽고 있는 분들도 칭찬해드리고 싶습니다. (아마도 이 책을 고르셨다면 스스로를 빵점 엄마, 혹은 아빠라고 생각하시겠지요?) 이렇게요. "빵점 부모님, 괜찮습니다. 느리고 서툴고 처음으로 해보는 육아에서 백 점을 기대하지 마세요. 빵점을 인정하고 나면 편안해집니다. 우리 그렇게 시작을 위한 빵점에 익숙해져요. 공부도 운동도 요리도 빵점을 인정하고 나면, 가벼운 마음으로 하나씩 시작할 수 있거든요."

만년 달리기 꼴찌

초등학교 하면 무엇이 제일 먼저 떠오르시나요? 저는 점심시간이 떠오릅니다. 지금 학생들은 급식을 먹기 때문에 예전에는 장작을 넣는 난로 곁에 도시락을 두었다고 하면 깜짝 놀랍니다. 그때는 돌아다니며 반찬을 뺏어 먹는 아이들도 있었고, 반찬을 뺏기기 싫어서 반찬 뚜껑을 덮고 먹는 아이들도 있었습니다. 제일 앞에 앉아 있던 저는 담임선생님과 밥 먹을 때가 많았습니다. 선생님 속도에 맞춰 식사를 마치면 다른 아이들은 이미 썰물처럼 교실에서 빠져나가 운동장에서 뛰어놀고 있었습니다. 식사 후 시끌벅적한 운동장 풍경을 감상하는 시간이 여유롭고 평화로웠습니다.

창밖으로 운동장을 내다보면, 그 넓은 운동장이 발 디딜 틈도 없이 학생들로 바글거립니다. 등나무 아래 벤치에서 얼음땡을 하는 아이들이 보입니다. 운동장 구석에서 고무줄놀이를 하는 여학생들과, 열심히 그 고무줄을 끊고 다니는 남학생들이 보입니다. 피구를 하는 아이들도 보입니다. 축구공을 따라 몰려다니는 무리도 보입니다. 각자의 놀이에 흠뻑 취해 있으면 종이 울립니다. 하나둘 아이들이 들어오고, 5교시가 시작됩니다. 수업이 시작된 후 땀을 뻘뻘 흘리며 돌아오는 아이들을 보면 참 신기했습니다. 매일 혼나면서도 늦게 들어오니까요. 한바탕 꾸지람이 있어도 방과 후에 아이들은 또다시 운동장으로 모입니다.

운동장은 늘 창 너머로 구경하는 것으로 만족했던 저에게도 필사적으로 움직여야 하는 날이 찾아옵니다. 바로 가을 운동회입니다. 웅웅거리는 마이크 소리와 하늘에 나부끼는 만국기가 기억납니다. 발령을 받고 알게 된 사실이지만, 운동회 당일에 선생님들은 만국기를 달기 위해 아주

일찍 출근해야 합니다. 학교 옥상에서부터 시작해 운동장 위에 만국기들이 펄럭거리도록 만들기 위해 꼭두새벽부터 참 바쁩니다. 어린 시절의 저는 만국기를 바라보다 흙장난을 하다가 담임선생님의 호루라기 소리가 들리면 줄을 섭니다. "국민체조 시작~!"이라는 소리가 들리면, 웅장한 배경음악에 맞춰 전교생이 흰 장갑을 끼고 체조를 합니다. 체조가 끝나면 그 지역 유지들의 소개 후 교장선생님께서 기념 훈화를 합니다. 가을 햇볕을 맞으며 훈화를 듣다가 정말 쓰러질 뻔했습니다. 기운이 쪼옥 빠진 채로 관중석에 앉아 응원을 합니다.

관중석에 앉아 있는 내내 개인 달리기 출발신호를 알리는 총소리를 들으면 순간순간 불안해집니다. 학년이 올라갈수록 거리도 길어지고, 장애물도 생기고, 개인 달리기의 난도도 높아집니다. 저는 6학년 때의 손님찾기 달리기만 빼고 언제나 꼴찌였습니다. 그래도 늘 불안하긴 마찬가지입니다. '이번에는 제발 꼴찌 하지 않게 해주세요'라고 간절히 기도하지만, 기도는 기적을 불러오지 못했습니다. 6학년 때의 손님찾기 달리기에서 제가 잡은 종이에 '안경 쓴 아저씨와 달리기'라고 쓰여 있었고, 아저씨가 저를 거의

들고 달리다시피 해서 2등 했던 기억이 납니다. 아저씨 덕분에 처음으로 공책을 타봤고, 손등에 2등 도장도 찍어봤습니다.

담임선생님께서 "전체 일어서!"를 말씀하시고 호루라기를 불면 관중석을 떠납니다. 개인 달리기를 하기 위해 준비 장소로 이동하는 것입니다. 내 차례가 올 때까지, 계속해서 총소리를 듣습니다. 점점 긴장됩니다. 그리고 드디어 일어납니다. 반별로 줄을 맞춰서 8명씩 한 조가 되어 라인기로 그린 하얀 선으로 걸어갑니다. 출발선을 밟지 않고 최대한 가깝게 자리를 잡습니다. 심호흡을 아무리 해도 콩닥거리는 심장은 어쩔 수가 없습니다. 총소리에 놀라 일단 뛰기 시작합니다. 중간쯤 가면 이미 온몸의 힘을 다 써버린 느낌이 듭니다. 그때는 그 길이 너무도 길고 숨이 찼습니다. 평소에도 달리기를 안 하는데 긴장한 상태에서 뛰어야 하다 보니 달리기에 대한 공포는 매년 이자 불어나듯 커졌습니다.

초등학교 선생님이 된 지 몇 년이 흐르고 체육부장이 되었을 때 알았습니다. 개인 달리기 주로가 50미터밖에 안 된다는 것을요. 체육부장 교사의 주 업무는 운동회 주관입니다. 운동회 준비를 하며 개인 달리기 주로를 그리기 위해 대형줄자로 50미터 직선 주로를 측정합니다. 출발선부터 50미터 끝을 보고 라인기로 트랙을 그립니다. 트랙을 그리며 어렸을 때 생각이 많이 났습니다. 그때는 왜 이 아무것도 아닌 거리를 그렇게도 두려워했는지 후회가 밀려옵니다. 달리기 연습할 생각은 안 하고 두려워만 했으니까요. 만약 누군가 연습하면 잘 달릴 수 있다고 말해주었더라면, 그래서 평소에 연습을 좀 했더라면 1등은 못 했어도 최소한 두려움이 아닌 설레는 마음으로 출발선에 설 수 있지 않았을까 하는 아쉬움이 들었습니다.

체육부장을 할 때 1학년 담임을 맡고 있었는데, 그때의 저와 같은 아이들이 눈에 보였습니다. 그래서 알려주었습니다. 꼴찌도 연습하면 잘 달릴 수 있다고요. 모의 개인 달리기를 여러 번 했던 기억이 납니다. 그리고 학생들에게 잘 달리지 못하는 것은 그동안 달리기 연습을 안 했기 때문이라고 일러주었습니다. 모의 달리기가 거듭되면서 계속해서 꼴찌가 바뀌는 1학년 아이들을 보며 흐뭇했던 기억이 납니다.

그 뒤로 몇 년이 흐르고 드디어 마이 프레셔스, 새침한 제 딸아이가 1학년이 되었습니다. 딸아이도 저와 함께한 달리기 연습 덕분에 두려워하지 않고 출발선에 섰습니다. 당당한 눈빛으로 총소리가 울리길 기다리는 모습을 보니 뭉클했습니다. 달리기의 공포를 저는 그렇게 극복했습니다.

다시 초등학생 시절, 저는 개인 달리기만 끝나면 그렇게 마음이 편할 수가 없었습니다. 단체 경기나 단체 무용은 묻어갈 수 있으니까요. 남학생들의 기마전도 기억나고, 부모님들의 달리기도 기억납니다. 지금은 안전상의 이유로 기마전도 부모님들의 달리기도 하지 않습니다만, 아무튼 그때는 볼거리가 많은 운동회였습니다. 그래서 한두 달 내내 운동회 연습을 정말 열심히 해야만 했던 시절이었습니다. 땡볕에 나가서 단체 무용 연습하는 게 정말 싫었습니다. 잘 보이지도 않는 동작을 따라 해야 했고, 틀리면 혼이 났으니까요.

단체 무용이 끝나면 운동회의 하이라이트, 계주가 시작됩니다. 1학년 계주 선수들은 뛰는 모습도 너무나 귀엽지만 트랙을 반대로 도는 경우가 다반사여서 더 재미난 경기가 됩니다. 바통을 받기 위해 뒤를 보고 있다가 받자마자 그 방향 그대로 뒤쪽으로 달리거든요. 그래서 선생님들이 함께 뛰어줍니다. 이때 각 반에서 제일 잘 달리는 남녀 학생 한 명이 대표로 경기를 치르게 됩니다. 늘 대단하다고 생각하며 응원했던 기억이 납니다. '저 아이들도 떨리겠지? 두려울까? 역전당하면 망신이잖아' 등등, 가보지 못한 길에 대해 무수한 상상을 하며 6년 내내 흥미진진하게 지켜보았습니다.

그런 아이가 자라 선생님이 된 지 15년이 되던 해에 평생 추억에 남을 일이 생깁니다. 그 무렵, 아이들의 진정한 배움과 행복에 교육의 목적을 두어야 한다는 행복배움학교 사업이 시작되었습니다. 저는 그 사업을 주관하는 행복배움학교 주무부장이 되었고, 체육 전담교사가 됩니다. 업무가 많아 담임을 맡기 어렵기도 하고, 그동안 체육 과목을 잘 가르치기 위해 노력한 덕분이기도 했습니다.

그 해 운동회에서도 맨 마지막은 계주 경기였습니다. 이벤트로 교사 대 학부모 팀으로 나누어 계주 경기가 열렸는

데, 체육 샘이라는 이유로 아무튼 뛰어야 했습니다. 다들 아실 거예요. 계주에서는 첫 주자와 마지막 주자가 중요하다는 것을요. 그리고 마지막 주자는 더 잘 뛰어야 한다는 것도요. 그런데, 이게 웬일입니까? 체육 샘이라는 이유로, 나이 마흔에 마지막 주자가 웬 말입니까? 뛰기 전 준비 체조를 하며 속으로 정말 많은 생각을 했습니다.

드디어 첫 주자가 출발신호와 함께 바통을 들고 뛰기 시작했습니다. 구경만 했던 아이가 이제는 자라서, 아니 너무 늦은 나이에 수많은 인파의 환호 속에서 드디어 바통을 이어받습니다. 이 이야기의 끝이 궁금하신가요? 어떻게 되었을까요? 여러분의 상상에 맡기겠습니다. 다행인지 어릴 때처럼 '꼴찌만 면하게 해주세요'라고 기도하지는 않았습니다. '다치지만 않게 해주세요'라고 기도할 나이였으니까요.

공포의 무용 시간

고등학교 때도 지금도 "나 어렸을 때 엄청 약했어"라고 말하면 누구도 믿지 않습니다. 병든 닭의 흔적을 찾기 어려운 몸을 가지게 되었지요. 툭하면 감기가 폐렴으로 번지고 공부는 사치였던 시절에 꾸역꾸역 먹은 이것저것 이름 모를 약 때문인 줄 알았는데, 철들고 생각해보니 아마도 엄마의 애끓는 정성 덕분인 듯합니다. 고등학교 때는 그래서 공부라는 것도 하고, 3년 개근도 했습니다. 제가 다닌 학교는 언덕 꼭대기에 있었습니다. 언덕을 오르며 체력이 좋아진 것도 한몫했겠지요.

"고등학교 시절로 다시 돌아가고 싶으신가요?"라고 물었을 때 영화 〈박하사탕〉의 설경구 대사처럼 "나 다시 돌아갈래~!"라며 절규하는 사람은 없을 것 같습니다. 보통은 고3 시절을 다시 겪고 싶지 않겠지요? 저 역시 돌아가고 싶지 않습니다. 그런데 저는 고3은 다시 겪을 수 있습니다. 그러나 고등학교 1, 2학년 시절로는 돌아가고 싶지 않습니다. 고3 때는 수험생이라는 이유로 하지 않는 무용수업을 1, 2학년 때는 들어야 했기 때문입니다. 그것도 황금 같은 토요일에. 지금 학생들은 토요일에는 학교에 가지 않지만, '라떼는 말이야' 버전인가요? 저는 고등학교 시절, 토요일에도 학교 가서 무용수업을 받아야 했습니다.

지금 생각해보니 고등학교에서 정규 교과목으로 무용을 배우는 것은 매우 특이한 일입니다. 일반 공립 고등학교였다면 무용 시간도 무용 교사도 있을 수 없는 일입니다. 선생님이 되기 위해서는 임용고사를 보는데, 체육 선생님을 선발하는 시험은 있어도 무용 선생님을 선발하는 시험은 없기 때문이죠. 그때도 지금도 고등학교의 경우 사립학교가 많았습니다. 사립학교 교원은 사범대를 졸업하면 주어지는 교원자격증 유무에 따라 채용됩니다. 국가에서 주관하는 임용고사를 보는 것이 아니라 학교별 임용 절차를 거치면 교사가 되는 것입니다. 제가 다니던 학교는 사립학교였는데 재단 이사장의 재량이었는지는 몰라도, 특이하게 체육을 가르치는 선생님이 두 분이셨습니다. 체육 시간을 둘로 쪼개서 한 분은 체육을, 한 분은 무용을 가르쳐주셨습니다.

다행인지 불행인지, 아무튼 저는 무용을 배우게 되었습니다. 다 같이 선생님이 하는 동작을 따라 합니다. 그리고 7명 정도가 한 줄로 서서 새로 배운 동작을 음악에 맞춰 복기합니다. 저는 점점 머리도 얼굴도 새하얗게 변합니다. 마치 "얼음!"을 외쳤는데 "땡"을 해주는 사람이 없어서 한 걸음도 뗄 수 없는 먹통이 되어버립니다. 한두 번 그런 상황을 맞이하고, 이번에는 잘해야지 수백 번 다짐해도 다짐은 다짐일 뿐입니다. 그래서 무용 시간은 저에게 공포가 되어버렸습니다. 혼자만 바보가 된 느낌을 떨쳐버릴 수 없기에 지금도 다시 돌아가기 싫은 시간이 되어버렸죠. 토요일만 되면 아프고 싶었습니다. 동트기 전이 가장 어둡다는 말이 있는데, 저에게 무용 시간은 동트기 전이었습니다. 하교 후에 펼쳐질 꽃길을 생각하며 일주일 중 가장 암울했던 시간을 오롯이 견뎠습니다.

고3이 되자 더 이상 저에게 공포스러운 시간은 없었습니다. 3학년들은 무용수업을 받지 않으니까요. 무용과는 영원히 안녕이라는 생각에 그렇게 마음이 가벼울 수가 없었습니다. 틀리면 가차 없이 망치 같은 꿀밤을 맞아야 하는 '망치 수학 시간'도 나름 버틸 만했습니다. 수능이 끝나고 저는 엄마의 소원대로 교대에 입학하게 됩니다. 집에서 가깝고, 등록금 싸고, 졸업하고 선생님도 될 수 있는 교대가 집안 형편에 딱이라고 생각하신 듯합니다.

그런데 이게 웬일입니까? 그렇게 지긋지긋했던 무용과 작별한 지 얼마 안 돼서 저는 또다시 쫄쫄이 타이츠를 입어야 했습니다. 무용수업이 있었기 때문입니다. 교대는 거의 모든 수업이 전공 필수입니다. 그래서 선택의 여지가 별로 없습니다. 교대에 무용수업이 있었다는 것을 진즉 알았으면 오지 않았을 텐데, 하는 후회도 했지만 이미 너무 멀리 왔습니다. 한 학기 내내 민망한 쫄쫄이 타이츠를 입고 뜻도 알 수 없는 '에이샤페'를 외치며 통통거렸습니다.

스무 살이 넘은 남학생과 여학생이 쫄쫄이 타이츠를 입고, 발레를 전공하신 남자 명예 교수님과 함께하는 수업은 민망 그 자체였습니다. 무용 시간이 되면 남학생들은 긴 티셔츠를 밖으로 빼서 엉덩이 밑으로 최대한 잡아당기느라 여념이 없었습니다. 그러면 교수님의 불호령이 떨어집니다. "그렇게 하지 마! 뭐가 창피해? 인간의 몸은 아름다운 거야." 그 교과서 같은 진리 앞에서도 여전히 학생들은 고개를 숙이고 티를 끌어 내렸습니다. 백발의 교수님만이 자신감 넘치게 위아래 흰색 타이츠를 입고, 백조와 같은 우아한 자태로 턴을 했습니다. 교대의 무용 시간도 저에게 끝없는 좌절을 안겨주었지만, 한편으로 백발의 교수님을 보며 '남자도 무용을 하는구나'라는 감탄과 함께 '무용을 하면 나이가 들어도 저렇게 멋있고 자신감 넘칠 수 있구나'라는 생각을 할 수 있었습니다.

그럼에도 몸을 움직인다는 것은, 특히 남들 앞에서 몸을 움직인다는 것은 저에게 공포를 넘어서 정말 죽기보다 싫은 일이 되어버렸습니다. 안 되면 되게 하라? 말이 쉽지, 한 번 공포로 자리 잡은 일은 그냥 생각을 안 하는 게 뱃속 편합니다. 그래서 정말 잊고 싶었습니다. 그런데 잊을 만하면 무용수업을 들어야 했습니다. 창작무용이 또 웬 말입니까? 따라 하기도 어려운데 만들라니요? 교회도 안 다니면서 "정말 저한테 왜 이러세요?" 하며 그분께 따지고 싶었습니다. 음악도 동작도 알아서 주도적으로 만들어야 하는 창작무용수업은 저를 더더욱 나락으로 떨어뜨렸습니다.

바닥을 찍으면 솟아오를 일밖에 없다고 하던가요? 그때는 정말 싫었지만, 그런 시간들이 가르치는 일을 하는 저에게는 도움이 되었던 것도 사실입니다. 일단 어떤 활동을 싫어하고 공포를 느끼는 사람의 심리를 누구보다 잘 알게 되었으니까요. 그 덕분에 유치원생부터 어르신들에 이르기까지, 저는 누구나 춤을 출 수 있도록 도울 수 있게 되었습니다. 눈높이 교육의 대가가 된 것이죠.

무엇을 가르치기 위해서는 학습자 수준으로 하강해야 한다고 말합니다. 몸을 움직이도록 가르쳐야 하는 분야에서 저는 얼마든지 하강할 수 있습니다. 수학을 못했던 학생이 자라서 수학 선생님이 되면 수학을 못하는 학생의 뇌 구조와 심정을 이해할 수 있듯이, 저 역시 몸을 움직이는 것에 부끄러움 많고 익숙하지 않은 사람들에게 어떻게 접근해야 하는지를 고민하는 선생님이 되었습니다. 그런 시절이 있었기에 지금 이 글을 쓸 수 있는지도 모르겠습니다.

10년 전쯤 학교에서 지역주민을 상대로 평생교육을 진행했습니다. 그때 저에게 춤을 배우던 한 어르신이 있었는데, 늘 스스로를 '부진아'라고 말씀하셨습니다. 그분을 보면서 속으로 곧 포기하실 것 같다고 생각했습니다. 그런 어르신께서 제게 하셨던 말씀이 지금도 가끔 떠오릅니다. "선생님, 저는 태어나서 한 번도 춤이란 것을 춰보지 못했어요. 먹고살기 바빠서요. 그런데 여기 와서 댄스화도 신어보고, 웃고, 움직이고, 음악 듣고, 이것만 해도 너무 행복해요." 순간 잃어버렸던 저의 초심이 생각났습니다. '그래, 사람은 다 각자의 속도로 움직이는 거였지.'

지금도 매일 그때의 저와 같은 아이들을 봅니다. 순간순간 그때의 그 어르신과 같은 학생들을 만납니다. 서툴고, 익숙하지 않고, 각자의 사연을 가진 사람들을 만납니다. 숙제도 못 해오고, 준비물도 없습니다. 한겨울에 맨발로 슬리퍼를 신고 학교에 옵니다. 빵점이 제로를 만나는 순간입니다. 그럴 때마다 여유를 가지고 도울 방법을 생각하려고 노력합니다. 내가 말하기 이전에 이미 주눅이 잔뜩 들어 있는 마음을 헤아릴 수 있습니다. 제가 교회나 절에 다니지는 않지만, 어쩌면 다 계획이 있으신 그분께서는 부족한 저에게 좋은 선생님이 되라고 일부러 인생 최대의 난제인 '무용'이라는 어려움을 주신 것이 아니었을까? 하는 생각도 해봅니다.

° 운동장 울렁증

어린 시절, 저는 운동장이 공포스러웠습니다. 학교 졸업과 함께 운동장도 졸업한 줄 알았는데, 교사가 되면서 저는 또다시 초등학교에 다니게 되었습니다. 임용고사 시험지만 잘 본 덕분에 발령을 늦게 받았습니다. 발령이 나기까지 기간제 강사를 4개월 정도 했는데, 지금 생각하니 지나가던 선생님들께서 "애가 애를 가르치고 있네"라고 할 만했습니다.

애가 애를 가르치던 첫날. 저에게는 몽키 포비아가 생겼습니다. 제 식대로 번역하자면 '말하는 원숭이 악몽'쯤 되겠네요. 당시 저는 임신으로 출산휴가에 들어가게 된 선생님의 반을 맡게 되었습니다. 아이들과의 첫 만남에서 저는 떨리는 마음을 감추고 인사를 건넸습니다. "여러분~ 안녕하세요." 이 가느다란 목소리에서 아이들은 저의 자신 없음을 귀신같이 알아챘습니다.

그때부터 의자에 앉아 있는 아이들이 없었습니다. 책상 위로 올라가서 뛰고 소리 지르고, 말 그대로 말하는 원숭이들이었습니다. 말하는 원숭이라고 아이들을 지칭하는 것이 적절치 않다고요? 네, 그렇습니다. 원숭이들이 기분 나빠 할 거예요. 1학년 아이들은 한 명만 있으면 천사처럼 예쁩니다. 그런데 스무 명 이상 모이면, 특히 남학생들은 말하는 원숭이들처럼 책상 위를 질주합니다.

등에서 식은땀이 줄줄 흐를 무렵, 지각한 남자아이가 저의 옷을 잡아당기며 "우리 선생님 어디 있어요?"라고 물었습니다. "어? 선생님 아기 낳으셔야 해서 오늘부터 내가 담임선생님이란다"라고 대답해주었습니다. 그리고 자리에 가서 앉으라고 일러주었는데, 또다시 저의 옷을 잡아당기며 귓속말로 "선생님, 그런데 저 똥 쌌어요"라고 하는 게 아니겠어요. 처음에는 잘못 들은 줄 알았는데, 풍겨오는 냄새가 분명히 똥이었습니다. 그 학생은 집으로 가야 할지, 학교에 가야 할지, 오래 고민하며 시간을 보낸 듯했습니다. 똥이 많이 굳어 있는 상태였으니까요. 어떻게 처리했는지 기억하고 싶지 않지만, 빨간 고무장갑이 필요했던 것만은 확실합니다.

제가 똥과 치열한 사투를 벌이고 있을 때, 말하는 원숭이들은 그야말로 난리를 치고 있었습니다. 교실 반대편 화장실에서는 대여섯 명의 원숭이 무리가 한 명을 문 안에 가두고, 서로 발로 차서 화장실 문짝이 떨어졌습니다. 안에 갇힌 아이는 사색이 되어 울부짖었고 저는 어쩔 줄을 몰랐습니다. 울고 싶었습니다. 출근 첫날, 밥맛이 없을 정도로 정신이 없었습니다. 어떻게 퇴근 시간이 되었는지 기억도 잘 나지 않습니다. 내가 정말 이 직장에 계속 다닐 수 있을지를 반문했습니다.

일주일쯤 지나고 나니 목이 부어서 목 안이 아팠습니다. 걸을 때마다 목을 무딘 칼로 치는 듯했습니다. 왜 선생 똥은 개도 안 먹는다는 속담이 생겼는지 뼈저리게 알게 되었습니다. 그렇게 받은 첫 월급, 140만 원을 찾아서 엄마에게

드렸습니다. 여태 본 적 없는 엄마의 환한 미소를 잊을 수가 없어서 한 달만 더 버텨보자 마음먹었는데, 그 한 달이 20년이 되었네요.

시간이 약이라고 하던가요? 말하는 원숭이들과 두 달을 버티고, 또 다른 학교에서 비교적 말귀를 알아듣는 2학년 원숭이들과 기간제 두 달을 더 버티자, 드디어 정식 발령을 받게 됩니다. 5학년 아이들이었습니다. 대화가 통하는 아이들이어서 수업하는 데는 별 무리가 없었습니다. 수학이나 과학, 국어는 가르쳐야 하는 지식 체계가 분명하기도 하고 교육자료도 풍부합니다. 제 머릿속 지식으로 어렵지 않게 가르칠 수 있었습니다.

교실이라는 공간은 아이들이 일단 책상 앞에 앉아있는 곳이기에 그리 어수선하지 않습니다. 그런데 체육 시간이 문제였습니다. 아이들이 가장 좋아하는 시간이지요. 학교에 도착하자마자 "체육 언제 해요?", "체육 시간에 뭐 해요?"로 인사합니다. 그런데 저에게 체육수업은, 특히나 운동장 수업은 언제나 공포 그 자체였습니다.

일단 운동장에 나가면 새내기 교사는 생각할 틈이 없습

니다. 줄을 서게 하는 것부터가 난관입니다. 그렇지 않아도 작은 제 목소리가 더 안 들리는 상황이 벌어집니다. 지금은 줄을 자유롭게 서도 괜찮고, 동그랗게 서도 괜찮고, 안 서도 아무 상관이 없습니다. 하지만 그때는 체육 시간에 무엇인가 질서 정연한 모습을 보여주어야 했던 시절이었습니다. 새내기 교사가 수업을 잘하는지 교실 창밖으로 안 보는 척하면서 보는 눈도 많았습니다. 근처 아파트 단지에 사는 어머님들께서는 우리 아이가 지금 뭐 하고 있나 궁금해하며 망원경으로 운동장을 지켜보기도 합니다.

체육복으로 갈아입고 허둥지둥 운동장에 나가면 아이들은 마음만큼 자유롭게 운동장을 누비고 있습니다. "모이세요" 하는 호루라기 소리가 들릴 턱이 없지요. 그렇게 시간이 흐르고 식은땀도 흐릅니다. 긴장하면 수업은 망합니다. 20년간 제가 깨달은 절대 불변의 진리입니다. 마음이 여유로워야 수업이라는 예측 불가능한 상황을 창의적으로 대처할 수 있기 때문입니다. 수업 흐름에 대한 통제권을 상실했다고 느끼는 순간 패닉이 옵니다.

잘될 턱이 없는 그런 수업을 하면서, 저 나름대로 노력이라는 것을 했습니다. 포스트잇이나 종이에 그날 해야 할 체육수업 내용을 적어서 체육복 주머니에 넣어둡니다. 그런데 당황하면 그것을 꺼내서 볼 생각도 안 납니다. 안 그래도 없는 운동신경을 탓하며 몸치 새내기 선생님은 그렇게 운동장 울렁증을 경험합니다. 선생님이 아니었다면, 아니, 초등학교 담임선생님이 아니었다면 운동장에 안 나가면 그만이고 춤은 안 추면 그만입니다. 그런데, 초등학교 고학년 담임선생님이 운동장에 안 나가면 빅뱅에 버금가는 우주 대폭동이 일어납니다. 아이들이 가장 좋아하는 시간을 스킵할 수는 없는 노릇이니까요.

잘하지 못하는 것도 잘 가르쳐야 하는 숙명을 지닌 직업이 초등 담임교사입니다. 모든 과목을 가르쳐야 하기에 올라운드 플레이가 가능한 세심한 재간둥이라면 초등학교 선생님이 되는 것이 나쁘지 않은 선택이라고 말씀드리고 싶습니다. 반면 올라운드 플레이가 자신 없는 분들은 교대에 입학하는 것을 다시 한번 고민해보시길 권합니다. 수학을 못해도 가르쳐야 하고, 몸치도 체육을 해야 하고, 박치도 노래해야 합니다.

저는 몸치를 극복해야 했습니다. 아이들이 가장 좋아하

는 시간에 저 혼자 불행에 빠져 있고 싶지 않았습니다. 운동장을 달리고, 뜀틀을 넘고, 철봉에 매달리고, 피구를 하는 것은 그래도 열심히 준비하고 세팅해두면 진행할 수 있습니다. 그런데 체육에 육상과 체조만 있는 건 아니거든요. 다양한 신체활동을 통해 배울 수 있는 가치를 중심으로 교육과정이 구성되어 있습니다. 도전, 경쟁, 건강, 안전뿐 아니라 '표현'이라고 불리는 춤도 체육의 한 과정입니다. 5학년 담임이었던 저는 강강술래, 소고춤, 포크댄스를 가르쳐야 했습니다. 운동장 울렁증을 극복하기도 전에 댄스 울렁증도 마주하게 된 것이었습니다.

월급날 엄마의 미소를 생각하면 차마 때려치우겠다고 말할 수 없었습니다. 그래서 일생일대의 결심을 하게 됩니다. 직업을 포기하지 않기 위해, 그 어떤 약이라도 먹어서 '완치'까진 아니더라도 '몸치 멈춤'까지는 해야 했습니다. 저와는 상극인 춤을 뽀개지는 못하더라도 익숙해져야 했습니다. 그러면, 어떤 아이들을 만나도 즐겁게 수업할 수 있을 것 같았습니다.

소심쟁이 새내기 교사는 먹고살기 위해 춤과 친해져야

했고, 그렇게 시작한 것이 댄스스포츠였습니다. 사람들은 교대 심화과정(부전공)이 초등영어인 제가 춤을 추고 체육학 박사까지 되었다고 하면 신기하게 생각합니다. 이 모든 시작은 입에 풀칠하기 위해서였다고 지금은 웃으며 말할 수 있게 되었네요. 몸치 선생님의 댄스스포츠 입문기는 다음 글에서 계속됩니다.

목구멍이 포도청 댄스

속담을 가르칠 때 아이들에게 "여러분, '목구멍이 포도청'이라는 속담을 아나요?"라고 물었더니, 한 아이로부터 "나 포도 맛 좋아하는데, 참 달콤하겠네요"라는 대답을 들었던 기억이 있습니다. 이 글을 쓰며 초등학생인 제 딸에게도 물어보니 목구멍은 알겠는데 포도청이 무엇인지는 모른다고 합니다. 목구멍이 포도청이 무슨 의미인지 물어보면 아이들 대부분 그 뜻을 모르는 것이 당연합니다. 현대에는 포도청이라는 단어를 쓰지 않으니까요. 그래서 상상력을 발휘하여 답한 그 학생은 나름 칭찬받을 만합니다. '목구멍이 포도청'은 먹고살기 위해 혹은 처자식을 먹여 살리기 위해 무슨 일이든, 심지어 감옥에 가게 될 일도 할 수밖에 없는 불리한 처지를 비유적으로 표현한 말입니다. 저 역시 몸치 멈춤을 위해 무엇이든 해야 했기에, 저에게 댄스스포츠 배우기는 목구멍이 포도청인 상황이었습니다.

고등학교 2학년 때 수학 단과반 학원에 다닌 이후로 학원이라는 곳에 참으로 오래간만에 가게 되었습니다. 운동을 위한 학원에 다닌 적이 없었던 저로서는 모든 것이 낯설었죠. 제대로 된 댄스스포츠 학원을 수소문해서 길을 나섰습니다. 댄스스포츠 학원은 외관에서부터 "여기 있습니다"를 외치고 있었습니다. 골목에 들어서자마자 쿵쾅거리는 에코 빵빵한 음악 소리가 들려와서 어렵지 않게 학원을 찾을 수 있었습니다. 제 심장도 두려움에 쿵쾅대기 시작했습니다.

만만치 않은 학원비를 내고 첫날에는 구경만 했습니다. 반짝거리는 거울 벽과 마룻바닥, 그리고 그곳에서 검은색 연습복을 입고 있는 어린 학생들이 보였습니다. 저는 그중 제일 어린 연습생들에게 시선을 빼앗겼습니다. 유치원생인 꼬마 여자아이 두 명이었습니다.

그 아이들을 보자, 제가 기원에서 바둑을 배우던 날이 생각났습니다. 안경 쓴 유치원생과 게임도 안 되는 바둑이란 것을 두고 '택도 없네'를 깨달았던 날입니다. 그때의 기억이 자연스럽게 오버랩되었습니다. 아이들이 추는 춤을 넋을 놓고 한참 쳐다보았습니다. 예쁜 고양이 두 마리가 묘기를 부리는 것 같았습니다. 눈빛, 손가락 끝, 발끝 그리고 동작 하나하나가 춤을 1도 모르는 저에게조차 여유롭게 음악을 가지고 노는 듯 보였습니다. 저의 부러운 눈빛을 읽은 춤 선생님께서 "1년만 열심히 하면 비슷하게 되실 거예요"라고 말씀하셨습니다. 순진하게 그 말을 믿고, 저는 그 뒤로 묵묵히 제 청춘을 댄스스포츠 학원에서 보냈습니다.

하루에 6시간씩 소처럼 춤을 배웠습니다. 주말도 예외는 아니었습니다. 칼퇴근 후 버스를 타고 학원에 도착하면 6시가 됩니다. 옷을 갈아입고 댄스화를 신으면 6시 10분이 됩니다. 그때부터 거울을 보고 워밍업합니다. 7시쯤 레슨이 시작되니, 50분간은 거울을 보며 제 몸과 싸우는 것입니다. 기본 동작을 하나하나 천천히 연습합니다. 댄스스포츠에는 영어를 배우기 전 알파벳을 익히는 것과 같은 베이직 동작들이 있습니다. 50분이 긴 시간 같지만, 베이직 동작들을 소화하기에는 빠듯합니다.

댄스스포츠는 테니스나 탁구 같은 단일종목이 아닙니다. 열 개의 서로 다른 역사와 배경을 가진 춤을 영국에서 정리하고 표준화한 것입니다. 그래서 댄스스포츠를 '텐 댄스(10 dance)'라고도 부릅니다. 열 개의 댄스 중 차차차, 룸바, 자이브, 파소도블레, 삼바는 라틴 아메리카 지역에서 유래했기 때문에 이 다섯 종목은 라틴 댄스(Latin dance)라고 합니다. 나머지 다섯 종목인 왈츠, 폭스트롯, 퀵스텝, 비엔나왈츠, 탱고는 기다란 드레스를 입은 신데렐라가 왕자님을 만났던 커다란 볼룸(ballroom, 무도장)을 떠올리면 분위기를 이해하기 쉽습니다. 그래서 이 다섯 종목을 볼룸 댄스(Ballroom dance)라고도 부르고, 보급과 대회를 위해 정리된 체계를 갖춘 현대적인 춤이라고 해서 모던 댄스(Modern dance) 혹은 스탠더드 댄스(Standard dance)라고도 부릅니다. 그러니 각 종목의 베이직 동작을 하나씩 쭈욱 하다 보면 50분이 훌쩍 갑니다.

그렇게 몸이 뜨거워지고 땀이 흐를 무렵, 레슨이 시작됩니다. 레슨은 매일매일이 도전이었습니다. 춤을 위한 몸으로 저의 모든 것을 변화시키는 과정이었습니다. 걸음마부터 새로 배우는 것과 같습니다. 걸음마를 처음 배울 때 중심을 잃기 쉬운 아이를 옆에서 잡아주곤 하지요. 그렇게 처음에는 선생님 손을 잡고 앞으로 이동하는 방법을 익힙니다. 근육 하나하나의 움직임을 생각하며 선생님의 몸통에 손을 대고 그 감각을 익히기도 합니다.

6개월이 지났을 무렵, 걸음마를 어느 정도 떼었습니다. 그렇게 앞뒤로 양옆으로 이동하는 것에 익숙해진 후, 드디어 춤 동작들을 하나씩 배우게 됩니다. 이 지루한 6개월이 평생의 댄스 인생을 좌우합니다. 모든 운동이 그러하듯 기초를 잘못 배우면, 그것을 바로잡는 데에 더 많은 시간이 걸리거나 영영 세련된 폼과는 멀어지는 불행을 겪기도 합니다. 그래서 한 동작만 해봐도 어디에서 어떻게 배웠는지 금방 알 수 있습니다.

레슨이 끝나면 그때부터 다시 혼자 거울을 보고 연습합니다. 파트너가 생길 정도의 실력이 되면 파트너와도 연습을 합니다. 시간은 자정을 향해 갑니다. 발가락 성할 날이 없었습니다. 반창고를 붙이고, 굳은살이 박이고, 발 냄새에 익숙해져 갑니다. 아침에 일어나면 퉁퉁 부은 발 때문에 걸을 수가 없습니다. 화장실로 기어가 샤워하고 나면 그제야 걸을 수 있습니다. 그때 저에게 춤은 모든 것이었습니다. 그만큼 간절했습니다. 그리고 그만큼 서툴렀습니다. 완전한 제로 상태에서 걸음마부터 배워야 했으니까요. 안 그래도 무딘 운동신경이 완전히 굳어버린 상태에서 심폐소생술을 하는 격이었습니다.

그 당시 저의 부러움을 독차지한 수강생이 있었습니다. 눈치가 빠른 분이라면 아마 알아차렸을 듯합니다. 바로 제가 앞서 언급한 그 유치원생들이었습니다. 내 남은 평생을 배워도 그 아이들만큼은 안 되겠구나, 하는 생각이 들었습니다. 토끼와 거북이가 100미터 달리기를 하는 상황인데, 심지어 토끼가 90미터 앞에서 출발하는 경우였지요. 그러니 저의 부러움이 어느 정도였는지 상상이 되실 거예요. '삼성전자 주식을 그때 샀더라면' 하는 후회의 열 배쯤이라고 해두지요.

그런데 현실에서는 토끼와 거북이가 경주하는 것과 같

은 상황은 없습니다. 인생은 단거리도 아니고 마라톤도 아닙니다. 자신만의 속도로 각자 원하는 곳을 향해 떠나는 여행입니다. 여행에 필요한 체력은 사람마다 다르니, 젊은 시절의 저처럼 막연히 두려워하거나 남들을 부러워하지 않아도 됩니다. 시작이야 어떻든 자기 주도적 여행에 필요한 체력은 누구나 즐거운 마음으로 기를 수 있으니까요.

댄스스포츠 음악에 몸을 맞추기 위해서는 박자를 세야 합니다. 룸바와 차차차는 4/4박자 음악에 맞춰야 하고요. 한 마디 안에 콩나물처럼 생긴 4분음표가 4개 있지요. 1, 2, 3, 4, 1, 2, 3, 4… 이렇게 음악은 계속 흘러갑니다. 그런데 춤을 추기 위해서는 음악과 동작의 흐름을 맞출 수 있게 2, 3, 4, 1이라고 박자를 세야 합니다. 그렇게 '투 쓰리 포 원'을 카운트하며 동작을 맞춰나갑니다. 생경한 상황에 적응하며 걸음마부터 다시 시작하는 것입니다. 제로부터. 제로를 인정하고 한 걸음 한 걸음 춤을 추며 인생도 송두리째 바뀌기 시작했습니다. 못하는 걸 잘하게 된 덕분이기도 하고, 운동이 가져다준 선물이기도 합니다.

어느덧 댄스스포츠 자격증을 따고, 체육학 석사와 박사 과정을 마치고, 체육수업을 본격적으로 연구하게 되었습니다. 그래서 지금 이 글도 쓰게 되었지요. 움직이기 시작한 순간부터 제 인생은 상상 이상으로 발전했습니다. "네가 춤을 춘다고?" 이 말이 제가 당시 주위 사람들에게서 가장 많이 듣던 말이었습니다. 그만큼 천지개벽, 상전벽해의 수준이었죠.

그런데 지금 이 글을 쓰는 순간에도 그 유치원생들이 여전히 부럽습니다. 왜일까요? '만약 그 아이들처럼 나도 어릴 때부터 하루에 조금씩이라도 몸을 움직여보았더라면 어땠을까?' 하는 생각에 너무도 부러웠습니다. 복리의 마법은 운동에도 적용됩니다. 하루라도 먼저 시작할수록 유리한 것이 사실입니다. 주식을 하는 분들에게 "언제 주식을 사야 할까요?"라고 물어보면 "라잇 나우"라고 답합니다. 시간은 되돌릴 수 없으니 오늘이 남아 있는 날 중 가장 저렴하다는 뜻이지요. 저에게 "운동을 언제 시작해야 할까요?"라고 물으면 저도 질문할 시간에 운동화 신으라는 답을 하곤 합니다.

목구멍이 포도청이기에, 먹고살기 위한 간절함으로 시작했지만 늘 뒤처지는 제자에게 마음을 다해 가르쳐주신

춤 스승님들께 감사합니다. 댄스화도 제대로 신지 못하고 허둥지둥 수업에 들어오는 어린 학생들과 저는 눈빛부터 달랐을 것입니다. 저의 가상한 노력을 아셨는지, 하루는 어린 학생들에게 "준비하고 수업에 들어와라. 천 선생님처럼 몸을 데워놔야 레슨이 의미가 있지"라고 말씀하셨습니다. 그 말에 힘을 얻어 비가 오나 눈이 오나 소처럼 성실할 수 있었지만, 지금 생각해보면 그분들께서 그 당시 저를 칭찬할 수 있는 게 그것밖에 없었던 것 같습니다. 말없이 늘 좌절하는 제자에게 "인생하고 같아, 조금씩 익숙해지고 수월해져. 그게 춤이야"라고 말씀하셨는데, 그때의 스승님과 비슷한 나이가 되고 보니 이제 그 의미가 확연해집니다. 어떤 일이든 세월과 함께 노력하고 활동한 만큼 익숙해지고 수월해집니다.

노력해서 익숙해지는 것을 심리학에서는 '숙달지향적인 반응(Mastery-oriented response)'이라고도 부릅니다. 실패 이후 낙담하지 않고 문제를 해결하기 위해 보다 효과적인 전략을 찾아서 시도하다 보면, 인생은 분명 더 여유로워지고 풍요로워집니다. 몸을 움직이는 것이 그런 인생을 만드는 필요충분조건임은 분명합니다. 잘하지 못해도 계속 이리저리 움직여보는 것은 성공한 실패이며, 동시에 궁극적 성공으로 우리의 삶을 이끌어줍니다. 운동으로 다져진 체력과 심력은 인생 여행의 멋진 준비물이며, 절대 원금이 보장되는 효자 종목입니다.

° 제로 vs 하나

제로 vs 하나? 제목이 너무 수학적인가요? 실은 제로 상태였던 제가 춤 하나를 배우게 된 이후 생겼던 변화들에 대해서 이야기해보려고 합니다. 제가 춤을 열심히 배울 때, 주변 사람들은 종종 "왜 그렇게 열심히 해?", "그 정도까지 할 필요 있어?"와 같은 말들을 건넸습니다. 한 시간 배우면 저 혼자 다섯 시간은 따로 또 연습했던 시절이니 그럴 만도 했습니다. 그분들이 볼 때는 그냥 한두 시간 즐기듯 하면 되는데, 주말도 없이 매일 학원 다니면서 자격증을 따고, 대회에 나가고, 공연도 하고, 레슨도 하는 제가 이해되지 않았던 것이죠. 제가 그렇게까지 할 수 있었던 이유는 '간절함' 때문이었습니다. 정말 원도 한도 없이 열심히 했습니다. 뛰는 놈 위에 나는 놈 있고, 나는 놈 위에 간절한 놈이 있다는 어느 영화 속 대사처럼, 어떤 마음으로 하느냐에 따라 결과는 달라지는 듯합니다.

그 많은 운동이나 춤 중에 왜 하필이면 댄스스포츠를 선택했을까? 하며 제 기억을 더듬어본 적이 있습니다. 1990년대 말에서 2000년 초반까지 댄스스포츠 열풍이 불었습니다. 그러니 저 같은 몸치도 댄스스포츠를 시작했겠지요. 그즈음 〈쉘 위 댄스?(Shall We Dance?)〉라는 일본 영화가 개봉했습니다. 미국에서도 리메이크한 작품입니다. 춤을 계기로 중년 남성의 삶이 변화되는 이야기를 다뤘지요. 이 영화에서는 각각의 등장 캐릭터들에게 춤이 어떤 의미이며 저마다 춤을 어떻게 해석하는지 보여주고 있습니다. 사무실의 모든 책상 모서리를 돌아갈 때마다 힙트위스트* 동작

---

* 힙트위스트(hip twist)는 주로 룸바와 차차차에서 체중을 이동하며 골반을 꼬는 동작을 말합니다.

을 하는 대머리 아저씨는 춤에서 얻은 활력을 즐겁게 일하는 데 사용합니다. 플랫폼에서 열차를 기다리는 동안 틈틈이 춤 연습하는 주인공의 모습도 칭찬해주고 싶습니다. 파트너 탓을 하며 싸우는 여자를 보며 저의 무지했던 시절을 반성합니다. 등장인물들은 하나같이 춤을 시작한 이후 삶의 모든 부분이 바뀌어갑니다. 춤을 추기 위한 삶으로 변화하고 있다고 할까요?

종종 저와 같이 어떤 운동에 푹 빠져서 지내는 분들을 심심치 않게 봅니다. 틈만 나면 스윙 연습을 하는 분들도 있고, 등산할 생각으로 주말이 기다려지는 분들도 있지요. 아내의 핀잔을 피하고자, 눈치 보며 집안일을 거들면서요. 운동을 위해 인생의 모든 시간을 정렬해둡니다. 운동을 위한 삶으로 모든 것이 변화하는 것입니다. 이 글을 읽으면서 머릿속에 주변의 어떤 분이 한두 명씩은 스쳐 갈 것입니다. 그렇게 전문 선수도 아닌데 과하다 싶을 정도로 푹 빠져서 올인하는 사람들을 보면, 한 가지 공통점을 발견할 수 있습니다. 어렸을 때 운동을 접해보지 않은 사람들이라는 점입니다. 뒤늦게 운동의 매력에 푹 빠져서 헤어 나오지 못하는 것이지요.

살다보면 워라밸, 스라밸 모두 필요합니다. 일과 일상의 균형인 워라밸이 중요하듯, 스포츠와 일상의 균형인 스라밸도 중요합니다. 그 균형은 그냥 오지 않습니다. 직접 경험하고 연습해봐야 합니다. 과한 것도 문제지만, 분명한 건 우리 일상에 운동은 필수불가결한 요소라는 점입니다. 늦었다고 생각될 때, 생각만 하고 있으면 더 늦어집니다.

우리 아이들 역시 마찬가지입니다. 사랑스러운 자녀가 나중에서야 뒤늦게 아내나 남편의 눈치를 보며 운동하게 만들고 싶지 않으시면, 지금 마음껏 움직일 수 있는 기회를 주세요. 기왕이면 엄마, 아빠도 함께. 아이들은 어릴수록 부모의 행동을 곧잘 따라 하곤 하니까요. 닮아가는 것만큼 좋은 교육은 없습니다. 운동이 가족의 자연스러운 가풍으로 자리 잡도록 하는 것이 중요합니다.

운동 초심자가 어떤 계기로 운동을 시작하면서 삶을 바꿔나가는 모습을 다루는 영화를 우리는 종종 만나게 됩니다. 책으로도 만날 수 있지요. 온라인 서점에서 '달리기'라고 검색하면 수백 권의 책 목록이 나옵니다. '자전거'라고 검색해도 마찬가지입니다. 이런 많은 책과 영화에 공통적으로 담겨 있는 메시지는 운동을 통해 삶이 근본적으로 변화하고, 자아가 확장하며, 진정한 삶의 의미를 찾을 수 있다는 것입니다. 이쯤에서 저도 '춤이 나에게 남긴 것이 무엇인가?'라는 질문을 스스로에게 던져봅니다. '매일매일 운동하면서 나는 무엇을 얻었는가?'라는 질문과도 같겠지요?

제가 찾은 해답은 '제로(0)와 하나(1)'입니다. 0과 1의 의미를 찾았다는 것입니다. 수학을 좋아하시는 분들은 '어떤 숫자도 0을 곱해버리면 결과는 제로다'라는 공식이 떠오르시겠지요? 그 말도 맞습니다. 인생에도 곱셈 법칙이 통합니다. 아무리 좋은 기회가 찾아와도 자신이 0이면 언제나 제로 상태입니다. 1도 안 하는 사람에게는 아무리 좋은 기회가 와도 소용이 없겠지요. 적어도 스스로 하나는 해놓아야 그 기회가 자기 것이 됩니다. 혹은 건강하지 않으면 아무 소용없음을 이르는 말일 수도 있겠네요. 삶의 여정을 누리기 위한 최소한의 기초 체력에 대한 준비일 수도 있고요.

제가 찾은 '제로와 하나'는 좀 더 정확히 표현하자면 '제로가 하나가 된다'는 의미였습니다. 누구에게나 낯설고 익숙하지 않은 처음은 제로 아닐까요? 그런데 그 상태를 정

1장. 빵점 엄마의 운동 이야기

면으로 받아들이는 것도 용기입니다. 아무것도 하지 않으면 평생 아무 일도 일어나지 않는다는 무서운 진리를 인식하는 단계입니다. 시작하기 위해서 주변을 정리하고, 시작할 마음을 먹는 단계라고도 볼 수 있어요. 그리고 일단 어떻게라도 몸을 움직여보는 것, 그게 하나의 시작입니다. 방에서 혼자 음악에 맞춰 몸을 움직여보았는데 생각보다 괜찮았다던가, 가슴이 답답할 때 산책을 다녀왔더니 마음이 가벼워졌다는 체험을 해보는 단계이겠지요.

그 첫 시작이 점점 온전한 하나로 커지게 됩니다. 제가 주 5일 레슨을 받고 연습하며 춤이란 것에 익숙해졌던 것처럼요. 나름대로 운동의 재미를 맛보는 과정이겠지요. 저 역시 그랬습니다. 〈셸 위 댄스〉라는 영화에 나오는 주인공들처럼 저 역시 틈만 나면 춤을 췄습니다. 공공장소에서도 남모르는 연습을 했습니다. 흔들리는 버스 안에서는 댄스스포츠 베이직 동작인 쿠카라차를 연습했습니다. 발끝, 무릎, 골반, 허리의 모든 근육을 순차적으로 무한대 모양을 그리며 움직였지요. 아무도 제가 춤을 연습하고 있는지 모릅니다. 근육을 서서히 느끼면서 춤추기 좋은 상태로 몸을 만들어두었습니다. 사실 저뿐만 아니라 대부분의 댄스인이 비슷한 경험을 했을 겁니다. 마치 당구를 처음 배울 때, 잠자리에 누우면 천장에 당구공이 아른거리는 것처럼요.

온전한 하나가 새로운 국면을 경험하면서 더 깊어집니다. 댄스스포츠에서는 실력이 어느 정도 되어야 대회나 공연을 위한 고정 파트너가 생깁니다. 그때부터는 혼자서 열심히 연습하는 것과는 다른 차원과 마주하게 됩니다. 파트너와의 약속을 소중히 생각하고 상황과 처지를 이해해주어야 합니다. 격려도 하고 실수를 보듬어주어야 합니다. 이것을 하지 못해 파트너들과 엄청나게 싸우는 분들을 종종 봅니다. 저 역시 어리석게도 그랬습니다. 변명하자면 다들 그런저런 과정을 거치며 다듬어지는 듯합니다. 음악을 이해하고 해석하는 것, 분위기에 어울리도록 표정을 바꾸는 것을 배우고, 더 빨리 더 많이 더 안정적인 스핀을 하기 위해 파트너와 호흡을 맞춰갑니다. 춤의 아름다움이라는 측면을 생각하고, 전체와의 조화도 고려해야 합니다.

하나가 온전해지고 깊어지면, 그 하나를 다른 사람에게 돌려줄 수 있게 됩니다. 저도 그랬습니다. 방과후 활동으로 아이들에게 춤을 가르치고 대회에 참가할 기회를 줍니다.

우리 반 아이들에게도 학예회 특별공연으로 보여줄 댄스스포츠를 가르쳐줍니다. 저처럼 춤에 대한 공포를 느끼지 않도록. 댄스스포츠 공연이나 연수를 기획하고 참여하며, 선생님들에게도 즐거운 마음으로 아이들과 함께 수업하는 방법을 전수합니다. 대학 교양 및 전공 체육수업을 통해 만나는 대학생들에게도 댄스스포츠를 가르칩니다. 표현 영역(무용)을 잘 가르칠 수 있는 교육용 앱도 개발하게 됩니다. 댄스경연 대회를 주관하고 심사를 보며, 좋은 춤이 무엇인가를 늘 고민하고 더 많은 격려와 응원의 기회를 늘리기 위해 노력합니다. 이를 통해 춤에 대한 전반적인 향유력이 높은 사회를 만들어가는 데 일조할 수 있다고 생각합니다.

마이 프레셔스 그녀(딸아이)에게 "제로 vs 하나를 보면 무슨 생각이 떠오르니?"라고 물었더니, "엥? 이진법?"이라는 답을 합니다. "오, 제법이네, 이진법을 알아?" 하고 묻자, "0 하고 1밖에 없잖아"라고 대답합니다. 딸아이의 대답이 저를 다시 깨우칩니다. 온·오프 버튼처럼 누르는 순간 불이 들어오고 그때부터 하나가 될 수도 있겠구나, 하고 생각해봅니다. 그 하나가 참 어렵긴 합니다. 낯선 것에 처음으로 도전하는 일은 누구에게나 두렵지요. 버튼을 누르고 불을 켜는 것 자체가 두려울 수 있습니다.

그러면 일단 보세요. 일본판 〈셸 위 댄스〉 영화 속 댄스 학원 창문에는 '견습 자유'가, 그리고 미국판 댄스학원 입구에는 'Feel Free to Watch(편하게 보세요)'라는 문구가 붙어 있습니다. 보는 것은 돈이 들지 않으니 구경은 언제든 환영이라는 의미지요. 실제로 〈슬램덩크〉 만화를 보며 농구선수의 꿈을 키운 선수들이 적지 않습니다. 웃는 사람을 보면 따라 웃게 되는데 이를 '거울 신경 반응'이라고 합니다. 보면 자기도 모르게 따라서 움직이고 싶어집니다.

만약 평소에 해보고 싶은 종목이 있었다면, 그 종목에 관련된 영화부터 가벼운 마음으로 스윽 보시길 권합니다. 내가 시작하고 싶은 종목을 주제로 한 소설도 한번 찾아보세요. 내 마음 어딘가에 있을 스위치를 찾게 해줄 겁니다. 스위치의 위치를 알면 누를 수도 있게 되니까요.

° 다시 제로 그리고 새로운 하나

지금 이 글을 읽는 분이 어떤 분이실지 궁금합니다. 결혼은 했을까? 아이는 몇 명이고 몇 살쯤 되었을까? 그런데 궁금하다고 너무 두루뭉술하게 쓰면 소용없는 글이 됩니다. 마치 관객 없는 공연을 하는 것과 같겠지요. 이 책은 프롤로그에서 고백했듯이 빵점 엄마의 이야기입니다. 그래서 저처럼 스스로 생각하기에 백 점이 아닌 부모님들께서 읽으시리라는 가정하에 편안한 마음으로 이야기하려고 합니다. 간신히 만든 저의 하나가 다시 제로가 되었던 순간에 대해서요.

결혼하고 아이가 생기지 않던 4년 동안 계속해서 춤을 췄습니다. 부모님들께선 걱정도 하셨지요. 그런데 저는 내심 아이가 없이 사는 것도 편하고 좋았습니다. 워킹맘으로 살아갈 자신이 없었고, 아이를 낳고 키우는 것도 두려웠습니다. 물론 엄마가 된다는 건 가치 있는 일임에 분명하지만, 그만큼 고단한 일이기도 합니다.

남녀가 만나서 가정을 이루는 것을 x축과 y축이 만나 평면에 점을 찍으며 선을 만들어가는 과정이라고 비유한다면, 아이의 탄생은 z축이 생기는 것을 의미합니다. 아이라는 z축이 생기면서 3D, 즉 입체적으로 삶이 변화합니다. 행복도 고통도 그만큼 선명하게 다가오지요. 그전에는 경험해보지 못한 차원으로의 성숙이 기다리고 있습니다. 세상에 공짜가 없듯이 저절로 크는 아이도, 저절로 철드는 부모도 없습니다. 소중한 무엇인가를 내어놓아야만 다른 무언가를 얻을 수 있습니다. 시간과 돈과 에너지는 기본 준비물입니다.

월급쟁이들은 월급날, 외식을 하거나 맛있는 음식을 찾아서 먹곤 합니다. 그동안의 고생스러움을 잊을 수 있는 날이니까요. 그날의 저도 그랬습니다. 큰맘 먹고 장어를 먹으러 갔는데, 그날따라 장어가 아무 맛도 안 나는 겁니다. 뭔가 이상하다는 생각에 혹시나 해서 테스터기를 사서 검사해보니, 임신이었습니다. 얼떨떨한 와중에도 '이제 춤을 추기는 어렵겠구나' 하고 생각했습니다. 유튜브에 '자이브'를 검색해보면 이해되실 거예요. 딱 죽지 않을 만큼 격렬하게 뛰어야 하는 춤이거든요.

점점 불러오는 배와 함께 춤은 옛날이야기가 되어갔습니다. 춤을 추지 않으니 시간이 정말 많이 남았습니다. 그때 유일하게 할 수 있는 것이 독서였습니다. 하루에 6시간씩 춤을 추며 살았던 삶과는 전혀 다른 세상이 열린 것입니다. 그렇게 읽고 연구하며 석사학위 논문을 썼습니다. 아이가 배 속에 있을 때가 수월하다고 말씀해주셨던 인생 선배님들의 말을 따르기 잘했다고 생각합니다.

석사학위 수여식에는 가지 못했지만, 그날 너무 자그마한 2.65킬로그램의 마이 프레셔스 그녀를 만났습니다. 진통을 꼬박 60시간 겪었습니다. 다시는 경험하고 싶은 않은 일입니다. 10억쯤 준다고 하면 모를까, 앞으로 제 인생에 출산은 없을 듯합니다. 그래서 마이 프레셔스는 제 인생의

다시 제로 그리고 새로운 하나

온리 원이 되었습니다.

아이는 정말 예쁘지만, 책을 읽을 수도, TV를 볼 수도, 운동을 할 수도 없었습니다. 제 모든 삶이 정지된 느낌이었습니다. 기억을 떠올릴 때마다 그 시절을 어떻게 버텼나 대견합니다. 그 당시 저와 같은 처지의 엄마들을 보면 눈빛만 마주해도 알 수 있습니다. 위대한 제로의 삶을 살고 있는 분들께 전할 수 있는 말은 이것뿐입니다. "분명히 가치 있는 일이고, 아이는 커갑니다. 조금만 버티세요. 아무것도 하는 게 없는 것처럼 느껴지겠지만, 정말 위대한 일을 하고 계신 것입니다."

산후조리원에서 같이 지냈던 엄마들을 보면, 모유 수유하는 동안 살이 많이 빠졌다고 합니다. 그런데 저는 수유 기간이 길지 않아서 살이 딱 아기 몸무게만큼만 빠진 상태로 지냈습니다. 출근하는데 맞는 옷이 없어서 스트레스를 받았습니다. 사실 육아와 일을 병행하느라 지쳐서 옷에 신경 쓸 새도 없었습니다. 장보기 바쁘고, 자기 바쁘고, 일어나서 출근하기 바쁜 찌든 삶이었습니다.

모유 수유에 대한 부담이 없어질 때쯤, 저녁 8시부터 10

시까지를 아빠의 육아 시간으로 마련했습니다. 그 두 시간 만큼은 저 자신을 위한 시간으로 자유롭게 쓸 수 있었지요. 출산과 육아로 인한 고단하고 답답한 마음을 털어보려고 아파트 단지를 한 바퀴 돌았습니다. 놀이터에 있는 운동 기구도 구경했습니다. '아, 저런 것도 있었구나'라는 생각과 함께 여유 없던 삶에 대한 회한이 밀려왔습니다. 운동기구 위에서 허리를 돌려보았습니다. 철봉에도 매달려봤는데 바로 땅으로 뚝 떨어졌습니다. 제로로 돌아왔음을 다시 한 번 확인할 수 있었습니다.

그때 제 근처에서 초등학교 3학년쯤 되어 보이는 아이가 줄넘기를 하고 있었습니다. 가볍게 2단 넘기를 하는 모습이 한 마리 나비 같았습니다. 숨찬 기색도 없이 사뿐하게 넘는 그 모습이 너무나 부러웠습니다. "너 참 잘한다. 아줌마 한번 해봐도 될까?" 아이에게서 줄넘기를 받아 들고 넘자마자 후회가 밀려들었습니다. 바로 줄이 걸렸습니다. 무안하게 웃으면 줄넘기를 돌려주었습니다. 집에 돌아와서 창고를 뒤졌습니다. 어딘가에서 본 것 같았거든요. 드디어 빨간색 구슬 줄넘기를 찾았습니다. 줄넘기 길이를 조절하고 다음 날 저녁 8시가 되기를 기다렸습니다.

오래간만에 체육복에 운동화를 신고 단지 안 놀이터로 향했습니다. 마음먹고 줄을 돌렸는데, 5개를 연속해서 넘지 못했습니다. 이미 불어난 체중도 문제였지만, 그동안 몸을 움직이지 않았다는 것을 생각하지 않고 무턱대고 넘어서는 안 되었습니다. 줄넘기를 바닥에 놓고 워밍업을 했습니다. 몸을 돌리고 스트레칭하면서 알았습니다. 정말 뻐근하고 아프구나. 30분 동안 마음을 가다듬었습니다. 다시 줄을 넘는데, 이제는 10개만 넘어도 너무 숨이 차서 주저앉아야 했습니다.

멍하니 앉아서 숨 고르기를 했습니다. 다시 넘어볼까? 아니면 그냥 집으로 돌아갈까? 고작 15개 하고 돌아가는 건 너무하다는 생각이 들어서 일단 100개를 채워보기로 했습니다. 다시 10개를 넘고 쉬었습니다. 10개씩 넘고 쉬는 것으로 전략을 바꾸었습니다. 그렇게 100개를 간신히 채웠습니다. 결국 두 시간 동안 줄넘기 100개를 한 것입니다. 아까부터 제 모습을 지켜보던 한 50대 아주머니께서 "뭘 그렇게 열심히 해요?"라고 물었습니다. 저는 대답했습니다. "너무 숨차네요. 간신히 줄넘기 100개 채웠어요." 제 말을 듣고 아주머니께서 나도 한번 해봐야겠다며 줄을 넘어보시고는 "아, 이게 어렵네" 이러시는 겁니다. 평생 줄넘기를 해본 적이 없다고 말씀하셨습니다.

아주머니의 말을 듣고 '내가 아이들에게 줄넘기를 어떻게 가르쳤던가' 되짚어보았습니다. 줄넘기를 전혀 넘지 못하는 아이들이 종종 있습니다. 특히 저학년들은요. 손과 발의 협응이 잘 안 되는 경우이지요. 그런 아이들은 일단 줄 없이 일정한 속도로 모둠발 뛰기를 먼저 하게 합니다. 그리고 몸통에 팔을 최대한 붙이고 줄을 돌리는 시늉을 하며 뜀뛰기를 합니다. 아주머니랑 저는 그렇게 같이 줄 없이 뜀뛰기를 하며 리듬을 찾아갔습니다. 그다음에 아주머니께서 줄을 넘어보시고는 "이제 좀 되네" 하시는 겁니다. 갑자기 많이 하면 무릎이 걱정된다고 하시며 "종종 여기서 만나요"라고 인사를 건네셨습니다. 뜻하지 않게 운동 친구를 만나서 기분이 좋았습니다.

다음 날 일어나니 온몸이 뻐근하고 종아리도 아팠습니다. '고작 100개를 넘었을 뿐인데 안 아픈 데가 없구나.' 그래도 저녁 8시가 되기를 기다렸습니다. 운동을 하든 안 하든, 아기 울음소리 없이 바람이라도 쐴 수 있는 시간이 반가 왔거든요. 운동화를 신고 줄넘기도 챙겨 놀이터로 나갔습니다. 낮의 열기가 남아 있는 8월의 저녁이었습니다. 준비운동을 하며 '아이고, 아이고'를 연발했습니다. 넘을 수 있을까? 살짝 고민이 되었지만, 일단 11개에 도전하기로 했습니다. 오늘은 11개씩 하고 쉬는 것이 목표였습니다.

줄넘기 11개를 넘고 숨을 고르면서 작은 나뭇가지를 찾았습니다. 한 개 한 개 너무 힘들게 넘었던 터라, 쉴 때마다 작은 나뭇가지를 가지런히 두며 숫자를 헤아렸습니다. 10개가 모이면 110개를 했구나 싶었고, 그때부터는 더 이상 나뭇가지를 찾지 않습니다. 이번에는 줄을 넘고 쉴 때마다 나뭇가지를 하나씩 치웠습니다. 그렇게 220개를 채웠습니다. 어제보다 더 넘을 수 있어서 다행이었고, 집 밖으로 나오길 잘했다고 생각했습니다. 시간을 채우기 위해 아파트 단지도 산책했습니다.

다음 날도 8시가 되길 기다렸다가 나갔습니다. 운동 친구가 된 아주머니께서 "그날 조금 뛰었다고 무릎이 아파서 어제는 쉬었어"라고 말씀하셨습니다. 그래서 아주머니께 뛰는 방법을 알려드렸습니다. 댄스스포츠 중에 자이브라는 종목이 있는데, 토끼처럼 혹은 농구공처럼 발랄하게 콩

콩 뛰듯이 쳐야 합니다. 그런데 무릎을 꼿꼿이 펴서 착지해 버리면 얼마 안 가 다리가 고장 납니다. 착지할 때 충격을 완화하기 위해서 스프링처럼 무릎을 살짝 구부려 쳐야 합니다. 약간의 바운스를 주는 것이지요. 저는 아주머니께 착지하는 순간에 무릎과 발목을 살짝 구부려서 충격을 흡수하듯이 뛰라고 일러드렸습니다. 혹시 줄넘기나 달리기처럼 관절에 무리가 가는 동작을 하실 때는 준비운동은 필수고 쿠션감 있는 운동화를 신으세요. 그리고 뛰는 방법을 점검해야 오래오래 움직일 수 있습니다.

그다음 날도 8시가 되길 기다렸다 나갔습니다. 기왕에 시작한 거 일주일 동안 빠지지 말고 해보자고 마음먹었습니다. 질리지 않고 줄넘기할 방법이 없는지 고민하다가 음악을 듣기로 했습니다. 당시에는 스마트폰이 없어서 스피커가 있는 작은 엠피스리를 가지고 나갔습니다. 오늘은 12개씩 하고 쉬기로 했습니다. 8월의 저녁 8시는 참 더웠지만 출렁거리는 살들을 감추고 싶어서 펑퍼짐한 긴 체육복을 입었습니다. 덕분에 땀이 비 오듯 흘렀습니다.

앉아서 숨을 고르며 엠피스리를 켰습니다. 정말 오래간

만에 여유롭게 듣는 음악이었습니다. 윤상의 〈달리기〉라는 노래가 흘러나왔습니다. '지겹나요. 힘든가요. 숨이 턱까지 찼나요. 할 수 없죠. 어차피 시작해버린 것을. (중략) 단한 가지 약속은 틀림없이 끝이 있다는 것. 끝난 뒤엔 지겨울 만큼 오랫동안 쉴 수 있다는 것…' 달빛 아래 혼자 듣는 노래 가사가 정말 선명하게 다가왔습니다. 끝이 있다는 것의 의미를 나름 철학적으로 해석하며 반복해서 들었습니다. 지금도 가끔 힘들 때 찾아 듣는 노래인데, 우리 인생의 어느 장면과도 잘 어울린다고 생각합니다.

그렇게 뜨거운 일주일을 보내고 나니 300개는 어렵지 않게 넘을 수 있게 되었습니다. 줄넘기하며 들을 음악들도 새로 다운받았습니다. 나뭇가지 10개도 깨끗하고 좋은 것으로 바꿨습니다. 준비운동도 정리운동도 나름 체계를 갖춰갔습니다. 단지를 벗어나 동네 주변을 산책할 수 있는 저만의 코스도 만들었습니다. 같은 동네에서 5년 넘게 살았어도 산책할 생각은 못 했습니다. 집, 학교, 댄스학원이 제 동선의 전부였거든요. 저녁에 두 시간 동안 자유를 만끽하며 여기저기 걸으면서 '이런 데도 있었구나' 하고 알게 되었습니다. 장 보러 갈 때도 그 코스를 이용해서 배낭을 메고 운동 겸 걸어가기도 했습니다.

줄넘기를 시작한 이후, 조금 가벼워진 몸처럼 생각도 여유로워졌습니다. 이제 줄넘기를 해도 다음 날 몸이 전혀 아프지 않았습니다. 기분이 상쾌해지고 컨디션도 좋아지니, 아이랑 지내는 시간도 전처럼 힘들지 않았습니다. 늘 지쳐서 마지못해 설거지를 했는데, 음악을 틀어놓고 다리로 박자를 맞추며 즐겁게 하게 되었습니다. 저녁 8시 이전에 모든 집안일을 빛의 속도로 처리했습니다. 기왕이면 더 가벼운 마음으로 줄넘기를 하고 싶은 저만의 전략이기도 했고, 절대 10시까지 나를 찾지 말라는 무언의 암시였습니다.

그렇게 저만의 하루를 완성할 수 있는 운동 루틴을 만들어갔습니다. 새로운 하나를 위한 시작이었습니다.

° 줄넘기 3,000개

3,000은 여러분에게 어떤 숫자인가요? 3,000원짜리 아이스 아메리카노가 생각나시나요? 3000번 광역버스가 떠오르시나요? 저는 3,000을 보면 줄넘기가 생각납니다. 저에게 3,000은 줄넘기를 300개씩 10번을 해야 채워지는 숫자로 기억에 저장되어 있습니다. 100개도 겨우겨우 해냈던 첫날 이후, 저는 하루도 거르지 않고 줄넘기를 했습니다. 운동하는 동안에는 육아와 집안일에서 벗어날 수 있다는 것만으로도 감사했던 때였기에 가능한 일이 아니었나 생각해봅니다.

10개씩 10번을 간간이 해낸 첫날 이후로 점점 숫자를 늘려갔습니다. 나뭇가지 10개와 함께 음악과 함께하는 시간이었습니다. 11개씩 10번, 12개씩 10번, 20개씩 10번을 성공하고 나니 100개씩 10번을 성공하게 되었습니다. 그러면 1,000개입니다. 그렇게 무리하지 않고 천천히 숫자를 늘려간 덕분에 줄넘기가 지겹지 않았습니다. 더 넘고 싶은 날에도 내일 조금 더 늘려서 할 체력을 남겨두었습니다.

땀을 많이 흘린 덕분인지 아니면 운동이 끝난 후 바로 샤워하고 잠자리에 들어서인지 살도 빠졌습니다. 줄넘기를 시작한 지 2주 만에 5킬로그램이 빠졌습니다. 점점 옷이 낙낙해지니 거울을 보는 횟수도 늘었습니다. 커가는 아이의 몸무게만큼 제 살이 빠지는 느낌이었습니다. 집안일도 빠릿빠릿해졌습니다. 제 모든 시간은 신성한 저녁 8시를 위해 흘러갔습니다.

2~3일 정도 줄넘기 1,000개를 넘습니다. 그리고 200개씩 10번, 총 2,000개에 도전합니다. 1,000개를 하나 2,000개를 하나 시간은 별반 차이가 없습니다. 그동안 체력이 좋아져서 쉬는 시간도 많이 줄었습니다. 휴식 시간에도 나름

체계가 잡힙니다. 1분만 쉬는 것으로요. 쉬는 시간을 일정히 하고 다시 200개를 넘었습니다. 2,000개를 다 넘어도 10시가 되려면 1시간 정도 여유가 있습니다. 그러면 산책을 합니다. 산책하면서 이런저런 생각을 합니다. 그때 가장 많이 한 생각이 '줄넘기를 시작하기 정말 잘했다'는 것이었습니다.

춤만 추었던 시절에는 느끼지 못한 여유를 느낄 수 있었습니다. 춤을 추러 가면 알게 모르게 늘 경쟁합니다. 나보다 잘 추는 사람들에게 질투도 느끼고, 잘 안 되는 동작 때문에 스트레스도 받습니다. 잘 받쳐주지 않는 파트너 탓도 하게 되고, 춤 선생님의 눈치도 봐야 합니다. 그런데 임신과 출산 후에 경험하는 줄넘기는 저에게 심리적 안정감과 자존감을 높여주었습니다. '그래, 잘하고 있어. 오늘도 잘 넘어보자'를 수없이 외치며 줄을 넘기 때문인 듯합니다. 그날의 목표량을 채우면 참 뿌듯합니다. 스스로 세운 계획을 지키는 사람만이 느낄 수 있는 내공이 쌓이게 되지요.

2,000개가 익숙해지면 300개씩 10번, 총 3,000개에 도전합니다. 3,000개에 도전할 때는 몸도 더 가벼워져서 오

히려 100개를 처음 넘었을 때보다 덜 힘들었습니다. 첫날이 가장 힘들었죠. 숨도 쉴 수 없을 만큼 힘들었던 그때에 비하면 엄청난 발전이었습니다. 줄넘기 300개를 하고 나뭇가지 하나를 경건한 마음으로 벤치 위에 올려둡니다. 쉬는 시간에도 의자에 앉지 않고 천천히 몸을 풀며 쉬었습니다. 다시 300개를 합니다. 또다시 나뭇가지를 벤치에 올려둡니다. 10개의 나뭇가지가 완성되면 드디어 3,000개를 넘은 것입니다. 첫날 100개를 넘을 때만 해도 생각하지 못한 숫자였습니다. 그렇게 3,000개에 익숙해질 무렵, 몸무게도 10킬로그램 정도 빠졌습니다. '이제 얼마 안 남았구나' 하는 생각도 했습니다. 조금 더 빼서 원하는 청바지를 사 입자는 현실적인 목표도 세웠습니다.

3,000개에 익숙해진 이후로는 더 이상 나뭇가지가 필요하지 않았습니다. 어느 정도의 시간 동안 운동하면 몇 개가 되는지 감을 잡을 수 있으니까요. 익숙해지면 줄넘기 3,000개를 넘는 데 30분 정도 걸립니다. 첫날 놀이터에서 만났던 초등학교 3학년 아이의 잠자리 날개 같은 몸짓을 머릿속으로 떠올리며 가볍게 넘습니다.

30분 정도 줄을 계속해서 넘을 수 있는 체력이 되자, 신기한 경험을 하게 되었습니다. 줄을 넘고 있다는 생각이 안 드는 지점이 찾아옵니다. 더 이상 힘이 들지 않고 제 몸이 종잇장보다 더 가볍게 느껴집니다. '아, 이게 말로만 듣던 러너스 하이*구나!' 그 느낌 때문에 누가 시키지 않아도 매일매일 줄넘기를 합니다. 줄이 나를 넘는 건지 내가 줄을 넘는 건지 모르는 그 지경에 이르는 것입니다. 제 말이 믿기지 않는다면 두 달만 줄넘기에 도전해보세요. 단, 첫날부터 쉬지 않고 30분을 뛰겠다는 욕심은 접어두세요. 그럴 수도 없을뿐더러 하루 하고 다음 날 종아리가 아파서 절대 뛰지 못해요. 조금씩 늘려가는 것이 포인트입니다.

그렇게 두 달 만에 저는 18킬로그램을 감량하게 되었습니다. 주변 사람들이 알아보지 못할 정도가 되었죠. 괄목상대라는 고사성어처럼 사람들이 "이게 누구야? 무슨 일 있었어?" 하며 눈을 비비고 저를 쳐다보았습니다. 사고 싶었던 엉덩이에 큐빅이 잔뜩 박힌 청바지도 사 입었습니다. 더

---

* 운동을 했을 때 통증이나 고통을 잊게 하는 엔도르핀이 분비되어 오히려 더 상쾌하고 기분이 좋아지는 상태가 찾아오는데, 이것을 러너스 하이(runners' high)라고 부릅니다.

이상 아침마다 입을 옷이 없어서 고민하지 않게 되었습니다. 안 그래도 눈뜨고 출근하기도 힘든데 입고 갈 옷이 마땅치 않아 초라해지는 자신과 마주하지 않아도 됩니다. 아무거나 입어도 됩니다. 인터넷에서 아무거나 사 입어도 잘 맞습니다. 옷에 돈 쓸 일이 없어집니다.

끊임없이 "어떻게 살 뺐어?"라고 묻는 주변 사람들에게 "줄넘기했어요" 하면 놀랍니다. 특별한 식단 비결이나 특단의 조치가 있을 줄 알았는데 '고작 줄넘기?'라는 눈빛으로 저를 쳐다봅니다. 그런데 제가 저녁 8시부터 10시까지 매일 운동했다고 하면 고개를 끄덕입니다. 그게 쉬운 일은 아니니까요. 직장인은 약속도 있을 테고 치맥의 유혹도 간간이 있으니까요.

그런데 저는 임신과 출산, 그리고 육아 때문에 그런 약속들과 소소한 유혹들에 무뎌진 상태였습니다. 위기가 기회라는 말은 진리인 듯합니다. 다시 제로가 된 그 시점에서 움직여보기로 마음먹은 덕분에 제 인생을 위한 반전의 기회를 도모할 수 있었습니다. 육아에 지친 뚱뚱하고 불안한 아줌마를 다시 한번 꿈꿀 수 있게 만들어준 고마운 운동이 줄넘기였습니다.

줄넘기하면서 겉모습뿐 아니라 마음도 많이 강해졌습니다. 아이를 낳은 것도 한몫했겠지요? '내가 애도 낳았는데 줄을 못 넘겠어?' 혹은 '줄넘기로 두 달 만에 18킬로그램 감량한 사람인데!' 하는 자신감이 생겼습니다. '나도 할 수 있다'와 '내가 다시 예전 몸으로 돌아왔구나'라고 느끼며 스스로 대견하게 생각하게 되었습니다. 아이를 낳기 전보다 몸도 마음도 더 좋아졌습니다. 비가 와서 줄넘기할 수 없는 날에는 틈틈이 산후조리원에서 배운 요가를 했습니다.

흔히 혼자 하는 운동은 재미가 없다고 하는데, 저도 그 말에 어느 정도 동의합니다. 더 정확히 말하자면, 혼자 하는 운동과 둘 이상이 함께하는 운동은 재미의 차원이 다릅니다. 혼자 운동하면 조금 더 자신의 내면을 들여다보게 됩니다. 지루하기도 하고 중간에 그만둘 확률도 높지만, 그 시기를 지나고 나면 하루하루 변해가는 자신을 보는 즐거움이 있습니다. 둘 이상이 함께하는 운동은 사람들과의 관계 속에서 얻는 즐거움이 큽니다. 더 많이 웃게 되고 대화하면서 소소한 기쁨들을 나누게 됩니다. 물론 인간관계 때문에 살이 더 찌기도 합니다. 운동이 끝나면 배가 고프다는 이유로 같이 맛있는 걸 찾게 되니까요.

혼자서 하든 여럿이 하든, 매일매일 몸을 움직이게 되면 몸이 변하는 것과 동시에 뇌 안에서도 엄청난 변화가 일어납니다. 줄넘기를 하거나 자전거를 연습하면 운동과 신체 조정력, 감각을 담당하는 뇌세포(뉴런)들이 더 자주 소통하여 새로운 네트워크를 형성합니다. 운동에 관계된 뉴런뿐 아니라 뇌의 모든 뉴런이 활성화되는 것입니다. 주의력과 결정력을 비롯해 계획하고 평가하는 능력, 말하기 능력, 연상력, 충동 조절력, 언어 이해력, 시각과 기억력, 신체 조정력 등 뇌의 전 영역이 활성화됩니다. 뉴런 돌기의 숫자들이 증가하고 길어지며 튼튼해지고, 시냅스의 수도 불어나서 뇌의 기능이 좋아지며, 그와 더불어 신체적 능력, 정신적 능력, 정서적 태도도 좋아지게 되는 것입니다. 운동을 하면 나이에 상관없이 우리의 모든 지식과 능력이 향상됩니다.

서서히 늘어난 근육 때문에 하루에 두 시간씩 운동에 매달리지 않아도 더 이상 살이 찌지 않았습니다. 그래서 30분만 줄넘기를 합니다. 그러면 3,000개가 됩니다. 나머지 1시간 30분은 씻고 조용히 육아일기를 적었습니다. 육아일기인데, 사실은 제 이야기가 더 많습니다. 운동하는 내내 그리고 끝나고 나서도 저의 내면과 마주하게 되니까요. 마음의 소리를 듣는 과정이었습니다. '나는 어떻게 살아야 할 것인가'와 '어떤 부모가 될 것인가'를 끊임없이 고민했습니다. 사실 이 둘은 같은 질문입니다. 통속적으로 바꾸어 말하자면 '이대로 평범한 아줌마로 살아가며 만족할 것인가?' 아니면 '잊고 지냈던 자아실현이라는 것을 한번 해볼까?'입니다.

저는 조용히 '도전'이라는 화두를 가슴에 품게 되었습니다. 줄을 넘듯 제 삶을 넘어보고 싶은 마음이 들었습니다. 매일 3,000개의 줄을 넘으며 제 인생의 정신 줄을 잡게 된 것입니다.

운동 빵점 엄마들의 한 방

"투, 쓰리, 차차차!"

"원, 투, 퀵아퀵!"

"팔은 이렇게 하는 건가?"

"오른발을 뒤로 하고 있어야 해."

토요일 오후 2시. 학생들이 썰물처럼 빠져나간 교실에 다시금 밀물처럼 그녀들이 쏟아져 들어옵니다. 음악도 없지만 파트너와 쉴 새 없이 박자를 세며 지난주에 배운 스텝을 익히기 위해 땀을 뻘뻘 흘리고 있습니다.

16년 전, 당시 제가 근무하던 학교는 지역주민들을 위해 평생교육을 운영했습니다. 저는 제 특기를 살려 댄스스포츠 부서를 개설했지요. 그때 아이들만큼이나 다양한 수강생을 만났습니다. 20대 후반의 엄마들부터 손주를 둔 60대 할머님까지. 지금 와서 생각해보면 제가 그때 그녀들을 만났던 것은 가르치는 사람으로서나 한 여자로서의 삶을 살아가는 데 크나큰 행운이었습니다. 그들은 나의 과거이자 미래였기 때문입니다.

춤과는 인연이 없었던, 아예 춤출 생각을 해볼 수도 없었던 전쟁 같은 삶을 살아온 그녀들은 저와 닮아 있었습니다. 한마디로 운동 빵점 엄마들이었죠. 다른 운동 경험이 전혀 없는 하얀 도화지 같은 그녀들에게 저는 춤이라는 것을 차근차근 그려 넣었습니다. 댄스화를 신어야 한다는 것도 몰랐던 분들에게 댄스화 고르는 법, 싸게 살 수 있는 법을 알려주었습니다. 운동화와 달리 맨발로 꼭 맞게 신어야 하는 반짝이는 금색 댄스화를 신고 아이처럼 좋아하는 모습에 뭉클함을 느꼈습니다.

"선생님, 머리털 나고 처음으로 이런 구두를 다 신어보네요."

머리가 희끗희끗한 어르신의 어색한 미소가 잊히지 않습니다.

그렇게 그녀들은 아이들처럼 댄스 걸음마부터 배웠습니다. '투, 쓰리, 차차차!'를 외치며 앞으로, 뒤로, 옆으로 움직였습니다. '원, 투, 퀵아퀵!'을 외치며 자이브 스텝을 밟았습니다. 집안일을 할 때와는 전혀 다른 방식으로 몸의 근육을 느끼고 움직였습니다. 거울 속 낯선 자기 모습을 보며 서서히 변해가기 시작했습니다.

"선생님, 요새는 설거지를 하면서도 청소기 돌리면서도 스텝과 박자에 맞춰 흥얼거리게 돼요."

매주 활기와 여유를 더해가는 그녀들을 보는 것이 저 역시 참으로 뿌듯하고 행복했습니다. 새로운 동작을 배우는데 적극적이었고, 시키지 않아도 누가 먼저랄 것도 없이 늘 일찍 와서 복습했지요. 박자 세는 소리가 복도까지 울려 퍼졌습니다.

"아이고, 학교 다니실 때 공부를 이렇게 하셨으면 다들 박사님 되셨겠어요. 어머님들이 너무 열심히 해주셔서 공연에 나가볼까 합니다."

운동 빵점 엄마들의 한 방

제 말에 동그랗게 커지던 눈망울들이 아직도 눈에 선합니다.

"공연이요?"

"저희가 무대에 올라가서 춤을 춘다고요?"

그 뒤로 우리는 함께 공연 음악을 고르고, 공연복도 준비했습니다. 구슬땀을 흘리며 평소보다 더 열정적으로 춤을 배우고 파트너와 함께 연습했습니다. 받아놓은 날짜는 어김없이 찾아오는 것이 인생이지요. 드디어 공연 당일이 되었습니다. 예쁘게 화장한 그녀들의 긴장한 모습을 보니, 학예회 무대를 기다리는 1학년 아이들 같았습니다.

그런데 지금에 와서야 하는 고백이지만, 내색할 수는 없었어도 그때 그녀들보다 더 떨었던 사람은 저였습니다. 아마 누군가를 가르쳐본 사람이라면 제 심정을 이해할 것입니다. 그래도 힘을 북돋아 주고자 이렇게 말했습니다.

"아이도 낳아보신 분들이 뭐 이런 거 가지고 떨어요. 세상에서 제일 용감한 사람은 눈에 뵈는 것이 없는 사람이에요. 막상 올라가면 조명 때문에 앞이 안 보이실 거예요. 잘하려고 하지 마시고, 연습한 것 대강 하고 내려온다는 기분으로 편안하게 하세요. 그리고 실수해도 뻔뻔하게 하시면 며느리도 몰라요."

드디어 나의 그녀들 순서가 되었습니다. 거북이라는 가수의 〈비행기〉 곡의 전주와 함께 난생처음으로 무대 위에 입장하는 그녀들을 보는 순간, 관객들이 술렁이기 시작했습니다.

"엄마다!"

"여보, 파이팅!"

'파란 하늘 위로 훨훨 날아가겠죠. 어려서 꿈꾸었던 비행기 타고~'

관객들의 떼창에 맞춰 나의 운동 빵점이었던 그녀들은 평생 숨겨둔 한 방을 그날 그 무대 위에서 멋지게 날렸습니다. 요즘도 라디오에서 우연히 그 노래가 나오면 저 혼자 마음속으로 그녀들을 응원합니다. '그때의 그 모습처럼 지금도 새로운 것에 도전하며 행복하고 건강한 삶을 살아가고 있으시죠?'

저는 무슨 운동을 시작해야 할지 막막해하는 운동 빵점 엄마들에게 이렇게 이야기합니다. 가장 못하는 것, 가장

운동 빵점 엄마들의 한 방

못할 것 같은 것, 가장 자신 없는 것을 일단 시작해보라고요. 조급한 마음을 버리고 남과 비교하는 마음을 버리면 사실 모든 운동이 할 만한 것이 됩니다. 제일 못한다고 생각하는 것에 도전하면 일단 잘해야 한다는 부담감이 없습니다. 그리고 내가 지금 삶의 근심과 걱정을 미뤄두고 금쪽같은 시간을 쪼개 운동하러 왔다는 것만으로도 대견하게 생각하면 전혀 문제 될 것이 없습니다. 어떤 시작이든, 시작이라는 것은 그 자체로 매우 의미 있는 첫걸음이고 도전이기 때문입니다. 저 역시 제가 못하는 새로운 운동에 늘 도전하고 있습니다. 배드민턴이 그렇고, 탁구가 그렇고, 테니스가 그렇고, 수영이 그렇습니다. 도전을 통해 삶의 의미를 매 순간 새롭게 깨닫고 있습니다.

그리고 너무 열심히 하지 말라고도 당부합니다. 잘하려고 하지 말라고 이야기합니다. 잘하려고 하면 금세 질려버립니다. 그저 포기하지만 말고 꾸준히 하시면 된다고 말합니다. 힘들면 중간에 좀 쉬어도 된다고 해줍니다. 늘 새로 시작하고 포기하지 않는 것이 제일 중요하다고 말합니다.

"소가 풀을 뜯듯 하시면 돼요. 원하는 때 원하는 만큼, 단 꾸준하게!"

지금 그분들을 떠올렸을 때 한 가지 깊이 후회되는 것이 있습니다. 마음껏 칭찬해드리지 못한 점입니다. 결혼해서 아이 낳고 키우며 지지고 볶고 살아가다 보면 자신의 존재를 잊게 됩니다. 운동은 우주만큼이나 먼 나라 이야기가 됩니다. 운동에 자신 없는 게 당연하고, 잘하지 못하는 게 정상입니다. 각자 나름의 삶의 무게에 눌려 막막했을 그녀들이 아주 큰 용기를 내서 댄스교실의 문을 열고 들어왔을 때, 저는 그녀들을 덮어두고 칭찬했어야 했습니다. 잘하고 못하고는 나중 문제고, 중요하지도 않은 것이었음을 그때는 미처 깨닫지 못했습니다. 16년 전 저는 너무 어렸습니다.

　지금 저는 새로운 운동을 배우며, 16년 전 저와 비슷한 나이의 생활체육 지도자분들을 만납니다. 정말 중요한 일을 하고 계신 분들입니다. 한 사람의 인생을, 그리고 한 가정을 밝고 건강하게 만들어주는 참 고마운 분들입니다. 그래서 노파심에 한 말씀 전합니다. 만약 이 글을 읽는 독자 중에 그분들이 있다면, 운동 빵점인 엄마 혹은 아빠가 정말 큰마음 먹고 당신 앞에 왔다는 사실을 잊지 마세요. 막막하고 두렵지만 용기 내서 무엇인가를 배우려고 시간과 돈을 투자했다면, 그 자체로 대단한 일이라고 덮어놓고 칭찬해주세요. 잘하고 못하는 것은 나중 문제라는 것을 기억해주세요. 그리고 내일 그분들이 또다시 그 자리에 나올 수 있도록 매력적으로 가르쳐주세요. 모든 생활체육 지도자의 제1 사명은, 이 땅의 운동 빵점들이 그 종목을 연애하는 마음으로 대하도록 만드는 것입니다.

토 나오도록 가르치지 말고 또 하고 싶도록! 즐겁게! 이 점을 기억해주세요.

° 빵점 엄마의 유산

마이 프레셔스: 엄마, 또 어디가?

빵점 엄마: 배드민턴 치러 가지요.

마이 프레셔스: 지금까지 배드민턴 치고 온 거 아니야?

빵점 엄마: 응, 잠깐 샤워하고 옷 좀 갈아입으려고.

마이 프레셔스: 밥은 먹고 다니는 거지? 그런데 배드민턴이 그렇게 좋아?

초딩 딸아이의 말에 가슴이 뭉클했습니다. 생각지 못한 서든 어택에 심쿵했습니다. 밥도 안 차려주고 일요일 오후에 또 배드민턴을 치러 나가는 엄마가 야속했을 법도 한데 말이지요. 밥 잘 챙겨 먹으라는 말을 건네준 기특한 마이 프레셔스를 보며 '우리 딸, 다 컸구나!' 하는 생각이 들었습니다. 배드민턴의 치명적인 매력에 아이에게 밥 챙겨주는 사명을 잠시 내려놓게 되었습니다.

그날 이후로 이것저것 묻습니다.

"운동화 샀어? 배드민턴 칠 때만 신는 거야?"

"응, 안 미끄러지게 바닥이 고무로 되어 있어서 좋아."

"라켓을 왜 이렇게 많이 들고 다녀? 한 개만 필요하지 않아?"

"줄이 끊어질 때도 있고, 라켓 무게가 다르면 콕을 칠 때 속도가 달라져서 보통 3~4자루 가지고 다니지."

그리고 제가 "한번 해볼래?"라고 물으면 곧잘 따라오곤 합니다.

저녁 식사 후 배가 부르면 빈 가방에 장바구니를 하나 더 챙겨서 나갈 채비를 합니다. 제가 그 가방을 메면 딸아이도 운동화를 신습니다. 그렇게 마트까지 걸어갑니다. 자기가 좋아하는 초콜릿 하나를 넣을 속셈이 보이지만 좋습니다. 돌아올 때 바구니 하나는 딸아이 차지가 되기 때문에 저도 이득입니다. 장을 다 본 후에 "계단으로 갈까? 중간에 포기하는 사람이 장 본 거 정리하기다" 그러면 눈이 초롱초롱해집니다. 제가 포기하는 날이 더 많아서겠지요? 헉헉거리며 17층까지 걸어서 들어오는 그녀가 귀엽습니다.

겨울이 아닌 계절에는 종종 딸아이와 자전거를 탑니다. 엘리베이터에 자전거를 두 대를 실으면 버겁습니다. 그래서 하나만 싣고 내려갑니다. 서로 번갈아서 타는 것입니다. 그동안 한 사람은 바퀴 수를 세어주거나 시간을 잽니다. 제자리걸음으로 가볍게 몸을 풀기도 합니다. 1학년 때 처음으로 자전거를 타던 때와 비교하면 웃음이 납니다. 지금은 저보다 잘 탑니다.

가끔 줄넘기도 하나만 챙겨서 내려갑니다. 우리는 번갈아서 줄을 넘습니다. 발에 줄이 걸릴 때까지 넘기도 하고, 2분씩 교대로 하기도 합니다. 그러면 20분이 훌쩍 지나갑니다. 땀이 흐르면 음악을 듣거나 꽃나무를 구경합니다. 선선한 바람을 맞으며 산책도 합니다. 집에 돌아와 물을 맛있게 들이켜고 샤워합니다.

비가 오거나 눈이 오면 집안일을 시작합니다. 제가 설거지를 하면 딸아이는 식탁을 정리합니다. 청소기를 돌리고 있으면 걸레를 준비합니다. 빨래도 함께 갭니다. 마지막으로 음식물 쓰레기를 정리하고 있으면 재활용할 것들을 챙깁니다. 엘리베이터 버튼을 누르고 딸아이와 스쿼트 10개를 함께합니다. 쓰레기를 버리고 계단으로 올라옵니다. 집으로 돌아오면 콧등에 땀이 송골송골합니다. "운동한 거 같아"라고 말하는 딸아이를 보고 있으면 마음이 흐뭇합니다. 공부는 못해도 저보다 더 좋은 인생을 살아낼 거라는 믿음이 갑니다.

가난도 부도 대물림되는 상황에서 흙수저와 금수저는 일상어가 되었습니다. 재벌 2세가 꿈이고, 물려받은 건물로 건물주가 되는 게 꿈이라고 말하는 아이들을 보면 씁쓸한 기분을 감출 수 없습니다. 언제부터인가 유산은 물질적인 것에 치중되어 회자되기 시작했습니다. 아이들 명의로 청약통장도 만들어주어야 하고, 펀드 계좌도 개설하라고 합니다. 경제적인 맥락에서 유산을 논하는 것이 점점 구체화되고 있습니다. 여러분들은 유산이라는 단어를 떠올리면 마음이 편안하신가요?

저는 편안하게 생각하기로 했습니다. 제가 죽고 없더라

도 아이를 건강하고 행복하게 지켜줄 평생 친구들을 여럿 남겨두기로 했으니까요. 이미 만난 친구도 있습니다. 앞으로는 100세 시대를 지나 200세 시대가 될 것입니다. 그러니 앞으로 만날 친구도 많습니다. 그 친구는 돈이 없어도 만날 수 있고, 특별히 시간 내서 만나지 않아도 됩니다. 사교적이지 않아도 마음만 먹으면 매일 함께할 수 있습니다. 만나기만 하면, 세로토닌이나 도파민처럼 좋은 행복 호르몬을 뿜어냅니다. 면역력도 강해져 병원비를 쓰지 않고 멋지게 살아갈 수 있도록 도와줍니다.

이쯤 되면 그 평생 친구가 누구인지 짐작이 가시겠지요? 바로 운동입니다. 걷기도 운동이고, 마트에 가는 것도 운동이 될 수 있습니다. 어릴 때 많이 움직이면 더 오래, 더 건강하게 살 수 있습니다.

저는 딸아이가 줄넘기 친구를 사랑하게 되길 기도합니다. 매일 줄넘기를 하며, 몸도 튼튼해지고 마음도 튼튼해질 것입니다. 몸매에 대한 부담이 없어지고 먹는 행복도 만끽하게 될 것입니다. 무엇인가를 꾸준히 하면서 삶에 대한 자신감도 싹트게 될 것입니다. 줄을 넘듯 인생의 어려움도 넘

빵점 엄마의 유산

어갈 것입니다.

요가를 배우며 여유롭고 창의적으로 살아가길 희망합니다. 사람은 몸처럼 살아갑니다. 몸이 딱딱한 사람은 융통성이 없습니다. 몸이 부드러울수록 마음도 유연합니다. 부드러운 몸을 가진 아이들이 어른보다 창의적입니다. 신체활동을 가르치는 강사나 트레이너들이 공통적으로 하는 말입니다. 몸을 보면 그 사람의 삶을 유추할 수 있다고요. 뻣뻣한 몸으로 살아가는 사람은 인생도 팍팍하니까요.

배드민턴 친구와도 좋은 추억을 쌓게 되길 기도합니다. 매번 서브를 받고 서브를 넣을 때마다 새로운 랠리를 시작하는 것처럼, 지나간 일에 미련 두지 않는 삶을 살길 바랍니다. 누구나 넘어지고 실수할 수 있습니다. 어제 저지른 나의 실수 때문에 이미 벌어진 일들에 마음 쓰느라, 우리는 소중한 시간을 자신을 책망하는 데 쓰곤 합니다. 후회는 하지 않거나 짧을수록 좋다고 합니다. 맞습니다. 용서는 좋은 것이고, 잊는 것은 더 좋은 일이라고 합니다. 자신의 지나간 실수를 너그럽게 용서하고, 언제든 다시 시작할 수 있다는 믿음을 가지고 살아가길 응원합니다.

자전거를 타며 앞을 똑바로 보고 긍정에 집중하는 삶을

살게 되길 희망합니다. 누가 나를 뒤에서 붙잡아주는 것은 영원하지 않음을 알게 되길 바랍니다. 뒤돌아보지 않고 스스로 열심히 페달을 밟아내길 바랍니다. 잡아주지 않아도 페달을 밟으면 쓰러지지 않는다는 것을 깨닫게 되는 날이 오겠지요. 자신이 가고 싶은 포지티브 포인트(positive point)에 집중하길 바랍니다. '부딪히지 말아야지' 하고 전봇대를 보고 있으면, 자전거는 네거티브 포인트(negative point)인 전봇대로 향하니까요.

춤을 추며 인생의 아름다움을 발견하고 삶의 리듬을 찾게 되길 꿈꿉니다. 춤은 음악에 맞춰 춥니다. 음악에는 리듬이 있지요. 리듬을 타며 타이밍 맞춰 적절히 움직이면서 곳곳에 숨겨진 크고 작은 아름다움을 찾아내길 바랍니다.

수영을 하며 삶의 부력도 키우게 되길 희망합니다. 뜨는 힘은 도리어 힘을 뺄 때 생기는 것임을 알고 순리에 몸을 맡기는 겸손한 사람으로 성장하길 기대합니다. 바닥을 치면 솟아오를 일밖에 없다는 믿음을 가지고, 어려움에 포기하지 않고 버티는 삶에 대한 위대함도 깨닫게 될 것입니다.

앞으로 마이 프레셔스 그녀는 더 많은 운동 친구들을 만나게 될 것입니다. 그렇게 운동이 평생 습관이 되면 누구보다 건강하고 현명하게, 자신의 삶을 온전하게 살아낼 것이라고 믿습니다. 빵점 엄마인 제가 유일하게 물려줄 수 있는 유산은 운동이 절친이 될 수 있도록 안내하는 것뿐입니다. 딸아이도 언젠가는 엄마가 되겠지요. 반품도 교환도 안 되는 인생에서 그녀의 유산도 운동이기를 소망합니다.

중요한 건 꾸준히 하는 것입니다.
운동을 즐겁게 느끼고 매일 스스로 하도록
어릴 때 평생 운동 습관을 만들어줘야 합니다.

° 놀이터 따로국밥

"아이가 졸라서 놀이터에 나가긴 나가는데, 딱히 할 게 없네"라고 생각하신 적이 있으신가요? 저 역시 그랬습니다. 나오긴 했는데, 뭘 해야 할지 몰라 멍하니 아이 옆에 서 있던 적이 많았습니다. 놀이터를 지나다 보면 그렇게 따로국밥인 가족을 볼 때가 많습니다. '밥 따로 국 따로'처럼 '애 따로 부모 따로'입니다. 아빠는 열심히 통화하고, 엄마는 스마트폰에서 눈을 떼지 못하고 있습니다. 그런데 일단 이런 경우도 충분히 희망적이라고 말씀드리고 싶습니다. 나가자고 조르는 아이의 손을 붙들고 집

바깥으로의 위대한 탈출을 감행했으니까요. 그리고 20분 정도 혼자 놀기를 끝낸 아이와 집으로 향합니다.

잘 말아진 국밥인 경우도 봅니다. 그네를 밀어주거나 자전거를 잡아주는 부모님들도 종종 마주칩니다. 시소를 타거나 술래잡기를 하는 가족도 봅니다. 어떤 국밥이든 어쨌든 배를 채워주니 한 끼 해결의 측면에서 보면 손색이 없습니다. 그런데 기왕이면 한 상 잘 차려주고 싶은 게 부모님 마음인 듯합니다. 그래서 우리는 고민합니다. 어떻게 하면 좋을지 생각하게 됩니다.

"아이랑 어떻게 놀아줘야 하는지 모르겠어요. 제가 뭘 해야 할까요?"라고 묻는 부모님들을 보면 절로 미소가 지어집니다. 난감한 상황에서 제가 웃는다니 잘 이해가 안 되실 수도 있겠습니다. "선생님, 수학 문제를 어떻게 풀어야 하는지 모르겠어요. 어떻게 해야 수학을 잘할 수 있을까요?"라고 묻는 학생을 볼 때 지어지는 미소와 비슷합니다. 질문이 너무나 반갑기 때문이지요. 적어도 질문하는 사람들 또는 고민하는 사람들의 가장 밑바닥에 자리 잡고 있는 희망의 씨앗을 보았기 때문입니다. 그 일에 관심이 있고 기왕이면 잘하고 싶은 마음이 있는 사람들만 할 수 있는 것이 질문이니까요. 만약 지금 이런 고민을 하고 계시다면 이미 당신은 좋은 엄마, 좋은 아빠라고 자신 있게 말씀드리고 싶습니다.

아이랑 어떻게 하면 즐겁게 놀 수 있을까요? 이 질문에 수만 가지의 해법이 있을 수 있습니다. 모든 답이 다 옳습니다. 마치 "오늘 저녁에는 어떤 상차림을 해야 할까요?"라는 질문과 비슷하지요. 상차림의 목적과 상황에 어울리는 구체적인 조건이 주어진다면 대답하기 좀 더 수월해집니다. 생일상 차리기처럼요. 그래서 저도 운동이라는 맥락에서 질문을 이해하고 답하고자 합니다. "어떻게 하면 아이의 운동감각을 깨워줄 수 있는 재미있는 놀이를 할 수 있을까요?"라고 질문을 바꿔보겠습니다.

가장 먼저 우리가 집중해야 할 포인트는 재미입니다. 아이도 즐겁고 부모도 즐거워야 합니다. 아이가 움직이기를 좋아하고 밖에 나가기를 좋아한다면 반쯤은 성공입니다. 그런데 아이가 움직이는 것 자체에 별 흥미를 느끼지 못한다면 유인책이 필요합니다. 움직일 수 있게 만드는 연결 고리를 찾아야 합니다. 집 안에서 준비한 물건을 밖에 가지고 나가보기를 추천합니다. 그러면 부모님도 부담이 적습니다. 일단 장보기가 끝나면 상 차리기가 수월한 것과 같습니다.

그런데 '준비한 물건'이라고 하면 머릿속에 무엇이 떠오르시나요? 막막할 때는 두부랑 콩나물처럼 싸고 구하기 쉬운 재료부터 공략하세요. 풍선도 좋고, 비눗방울도 좋습니다. 바람개비도 추천합니다. 종이비행기도 좋겠지요. "우리 밖에 나가서 풍선 한번 마음껏 쳐볼까?"라고 꼬셔보세요. 이렇게 밖에 나가는 횟수를 늘려나가는 겁니다. 실컷 가지고 놀게 해주세요. 밖에 나간 김에 미끄럼틀도 타보고, 그네도 타본다면 그날은 그것으로 대성공이라고 생각하세요. 밖에 나가면 즐겁다는 사실을 아이가 느끼게 해줘야 합니다. 칭찬이나 꾸지람도 되도록 피하는 게 좋겠지요? 판단하지 않고, 움직임을 삶의 일부로 자연스럽게 받아들이는 것이 중요하니까요. 여기까지만 해도 훌륭합니다.

이제 아이가 어느 정도 크고 밖에 나가 움직이는 것에 익숙해지면서 즐거움을 발견했다면, 그다음부터는 폼 나게 놀고 싶다는 마음이 고개를 들겠지요? 기왕이면 운동신경도 좀 키워줄 방법을 고민하게 됩니다. 두부부침 요리에 익숙해지면 마파두부에도 도전하고 싶은 마음이 생기는 것과 비슷하겠지요.

이 단계는 한 마디로 움직임에 세련미를 더하는 단계입니다. 어떻게 하면 걷기를 세련되게 그리고 정교하게 만들 수 있을지 고민해보세요. 최대한 보폭을 크게 넓혀서 걸어보게 하는 것도 방법이 되겠지요. 머리에 화장지를 한 장 얹은 상태로 떨어뜨리지 않고 걸어볼 수도 있겠고요. 모둠발로 뛰며 이동할 수도 있고, 정해진 블록만 밟으며 움직일 수도 있습니다. 이런 방법들에서 민속놀이가 연상되진 않나요? 딱지치기, 망까기(비석치기), 구슬치기 등, 다 이런 맥락에서 움직임을 세련되게 그리고 즐겁게 만드는 장치가 숨어 있는 놀이입니다.

휴지통과 빈 우유갑도 세련되게 놀기 좋은 재료입니다. 휴지통에 우유갑을 공처럼 던져 넣어보세요. 마치 투호처럼 또는 농구하듯 놀아보는 것입니다. 골인 성공률이 높아지면 거리를 점차 늘려갈 수 있습니다. 또는 휴지통을 작게 만들어볼 수도 있고요. 입구가 작으면 성공률이 낮아지니

놀이터 따로국밥

움직임이 정교해집니다. 우유갑의 크기나 재질도 바꿔볼 수 있습니다. 기성품을 사는 방법도 추천합니다. 집에서 가지고 놀 수 있는 다트 세트도 있고, 다양한 종류의 농구 골대도 있습니다.

풍선 놀이도 같은 맥락에서 세련되게 만들 수 있습니다. 손으로 치는 것에 익숙해지면 도구를 쓰는 겁니다. 채는 짧고 면은 크고 가벼운 도구부터 사용하세요. 좀 번거롭긴 하지만, 옷걸이에 스타킹을 끼워서 동그랗게 만들어줘도 좋습니다. 파리채도 좋습니다. 밥주걱도, 구둣주걱도 좋습니다. 어린이용 배드민턴 라켓도 좋습니다. 그렇게 치는 것에 익숙해지면 스스로 타점을 맞추게 됩니다. 언제 쳐야 하는지 감각을 익힐 수 있게 되지요. 그다음에는 풍선을 다른 재료로 바꿔봅니다. 풍선보다 작고 빠른 공들로요. 탁구공도 좋고, 테니스공도 좋습니다. 셔틀콕도 좋습니다.

경쟁의 요소를 추가하는 것도 좋은 방법입니다. 1분 안에 누가 더 많이 성공하는지 내기를 해보면 좋겠지요. 누가 더 오래 버티는지도 해볼 만합니다. 움직임을 점점 세련되게 만드는 것이 소위 말하는 '운동신경 키우기'입니다. 기본적으로 많이 사용하는 움직임을 중심으로 생각하면 됩니다. 걷기, 달리기, 뛰기, 치기, 던지기, 받기를 고루 잘해야 모든 운동을 잘하게 되니까요. 더불어 성장판도 자극하게 되고 체력도 생깁니다. 잘 움직여야 축구도 농구도 잘할 수 있습니다. 타점을 맞출 줄 알아야 배드민턴이나 야구를 즐길 수 있습니다.

이런 기본적인 움직임들에 익숙해지고 움직임을 세련되게 만들어주는 것이 포인트입니다. 기본 움직임에 익숙해지면 학교에 입학해서도 잘 놀게 됩니다. 체육 시간이 기다려집니다. 초등학교 체육 시간에 참여하는 여러 가지 게임들도 기본 움직임들을 응용하는 활동들로 이루어져 있으니까요.

이제 놀이터 따로국밥은 없겠지요? 즐겁게 나서면 놀이터 데이트는 그 자체로 성공입니다. 아이도 부모도 움직이면 행복해집니다. 움직이면 성장하고 노화가 멈춥니다. 나이에 상관없이 뇌 속에 새로운 세포들이 자라납니다. 그래서 지혜로워집니다. 움직임의 선순환이 일어나게 되죠. 걷기, 달리기, 뛰기, 치기, 던지기, 받기를 두려워하지 않는다면, 그것으로 초등학교 입학 준비는 끝입니다. 어떤 신체활동도 잘할 수 있을 테니까요. 기본 움직임을 조금씩 세련되게 만들어준 부모님과의 놀이터 데이트 덕분입니다.

그러니 "옆집 아들은 축구교실에 간다던데"라는 말에 기죽을 필요가 전혀 없습니다. "옆집 딸은 탁구를 배운다던데"라는 말에 조급해하실 필요가 전혀 없습니다. 인생은 길고도 깁니다. 우리 아이들은 120살까지는 살게 될 것입니다. 여유를 가지세요. '천 리 길도 한 걸음부터'라는 말은 천리 끝을 생각하라는 말이 아닙니다. 오늘 걸을 수 있는 한 걸음에 집중하라는 의미일 것입니다.

스포츠를 즐길 준비가 안 된 어린 자녀들에게 스포츠 레슨을 받게 하면 무리가 따릅니다. 기본 채썰기도 하지 못하는 사람에게 짜장면 뽑으라고 하는 것과 같습니다. 소림사에 가면 물 길어오기부터 시킵니다. 물을 길으며 근력을 키우고 체력도 쌓아두는 것입니다. 중식을 배우려면 양파 썰기부터 배워야 하듯이, 스포츠를 접하기 전에 기본적인 움직임들을 충분히 해보는 과정이 꼭 필요합니다.

본립도생(本立道生)이라는 말이 있지요? 기본이 서면 앞으로 나아갈 방도가 생깁니다. 걷기, 달리기, 뛰기, 치기, 던지기, 받기에 즐겁게 참여하며 감을 잡으면 어떤 스포츠도 잘 배울 수 있습니다. 여유를 가지고 즐겁게 놀이터 데이트를 해보세요. 그리고 조금씩 세련되게 움직일 수 있는 방법을 아이와 함께 찾아보세요.

운동 그리고 스포츠는 평생 친구입니다. 나와 맞는 좋은 평생 친구를 만났을 때, 친구와 친해지는 방법을 모르면 외톨이가 됩니다. 데이트를 충분히 해본 사람은 좋은 배우자를 선택하고 행복한 결혼생활을 유지할 확률이 높아집니다. 엄마, 아빠와의 놀이터 데이트를 통해 평생 친구들을 맞이할 준비를 한다고 생각하세요. 그리고 우리 아이가 어떤 친구랑 잘 맞을지 관찰해보세요. 그러면 더는 놀이터에 가서 따로국밥처럼 지낼 수 없게 됩니다.

° 학원 돌려막기

학기 첫날, "여러분, 오늘 고생 많았습니다. 집으로 조심히 돌아가세요"라고 하고 인사를 건네면 "선생님, 저 집으로 안 가는데요. 학원 선생님 기다려야 해요"라고 말하는 아이들이 반 이상입니다. 카드 돌려막기처럼, 일하는 부모들이 어쩔 수 없이 선택하는 것이 학원 돌려막기입니다. 아이를 위한 추가적인 교육이 필요해서 선택한다기보다는 일할 시간을 벌기 위해 학원에 보내는 경우가 많습니다.

저 역시 그랬습니다. 특히 아이가 초등학교에 입학하면

맞벌이 부모들은 큰 고민에 빠집니다. 어린이집이나 유치원은 종일반이 있어서 퇴근하고 아이를 데리러 가면 됩니다. 그런데 1학년이 되면 아이는 1시 30분쯤 하교합니다. 보호자가 퇴근할 때까지 평균적으로 3~4시간을 기다려야 하는 것입니다. 그래서 그 시간 동안 아이들은 학원 투어를 하게 됩니다.

이렇게 절반 이상의 아이들이 학원에 가야 하는 상황이 벌어집니다. 집으로 간 나머지 아이들은 이렇게 말합니다. '지영이 부모님이 맞벌이를 해서'라는 말은 빠진 채, "지영이는 학원을 3개나 다닌대"만 전합니다. 그러면 부모는 갑자기 불안해집니다. '우리 아이만 학원에 안 다니고 있나?' 혹은 '뭐라도 좀 시켜야 하지 않을까?' 하는 생각들로 머릿속이 복잡해집니다. 그래서 한두 군데 보내기로 합니다. 결국 아이들은 너도나도 영어, 태권도, 검도, 피아노, 미술 등 요일별로 학원 시간표에 맞춰서 움직이게 됩니다.

체력이 되고, 적응도 잘하는 아이들이라면 별문제가 없습니다. 그런데 대부분의 1학년은 학교에 적응하기도 빠듯합니다. 학교 건물도 내부도 너무나 딱딱합니다. 어린이집이나 유치원과 같은 포근한 구조가 아닙니다. 선생님도 친구들도 교실도 책상도, 눈에 보이는 모든 것이 낯설지요. 자기를 둘러싼 세상이 하루아침에 완전히 변한 것입니다. 스트레스로 코피 쏟는 아이, 학교 가기 싫다고 우는 아이의 심정을 이해해야 합니다. 그런데 등교 첫날 하교한 후, 처음으로 학원까지 다니게 되면 아이들이 체력적·심리적으로 힘들 것은 불 보듯 뻔합니다.

아침에 일어나기는 점점 힘들어지고, 교문 앞에서 엄마랑 한참 실랑이를 벌이는 아이들을 심심치 않게 봅니다. 갖가지 이유를 대지만 결국은 '적응'이 문제입니다. 학교에 입학해서 어쩔 수 없이 사교육을 선택해야 한다면 조금 천천히 시작하세요. 그러면 아이가 적응할 시간이 생깁니다. 기계도 아닌데 3월 등교 첫날부터 일정이 빡빡하면 누구나 힘듭니다. 학교에서도 3월 한 달은 적응 기간으로 친교와 놀이활동이 수업 내용의 주가 됩니다. 학원은 4월부터 다녀도 큰일 나지 않습니다. 혹은 2학년부터 다녀도 늦지 않습니다. 학원에 안 다니고 자기 혼자 공부하는 것이 가장 바람직한 상태입니다. 궁극적으로 자기 주도적 학습을 위해서 우리는 필요할 경우에만 도움을 받아야 합니다. 그것이 사교육입니다. 그러니 친구 따라 학원 갈 필요는 없겠지요?

조금은 마음의 여유를 찾으신 부모님이나, 피치 못하게 학원 돌려막기를 하는 부모님들의 사교육 커리큘럼 속에서 늘 한몫 차지하고 있는 과목은 무엇일까요? 바로 예체능입니다. "저학년 때 아니면 언제 하나요?"라는 미명하에 많은 아이가 미술, 피아노, 태권도 학원으로 향합니다. 가는 발걸음, 돌아오는 발걸음이 가볍고 즐겁다면 문제가 없습니다. 보내는 부모 마음이 여유롭고 지갑도 두둑하다면 상관없습니다. 그런데 이런 경우가 얼마나 될까요?

아이도 부모도 인생 좀 가볍게, 제로처럼 살아도 괜찮지 않을까요? 굳이 지금 하지 않아도 된다면 과감하게 패스하세요. 꼭 학원이 아니라도 언제 어디서든 우리는 그림을 그릴 수 있습니다. 아이가 집에서 충분히 그리고 꾸준한 열정을 보일 때 미술 학원에 보내도 늦지 않습니다. 어릴 때 피아노를 배우지 않아도 사는 데 아무런 지장이 없습니다. 우리는 언제든 태권도를 포함한 무도 종목을 필요에 따라 배울 수 있습니다. 사교육의 종류도 시기도 늘 선택할 수 있습니다. 해도 좋고, 안 해도 괜찮습니다. 여유와 상황이 될 때 하나씩 시도해보는 것도 나쁘지 않습니다. 그리고 언제 나 멈출 수 있습니다. 아이에게 재능이 없고 아이가 그것을 즐기지 않는다면 그만두는 것도 현명한 선택입니다.

학원 돌려막기에서 벗어나는 유일한 길은 이유와 목적 을 생각하고 선택하는 것입니다. 그러면 체육 혹은 운동과 관련된 사교육은 필요할까요? 그럴 수도 있고, 아닐 수도 있습니다. 아이 스스로 매일 걷기나 달리기를 하고 자전거 를 타고 있다면 굳이 학원까지 가서 운동할 필요가 없습니 다. 여기서 더 나아가 스스로 운동하면서 새로운 종목에 흥 미나 관심을 보인다면, 그때는 사교육의 도움을 받아도 좋 습니다. 여유가 된다면 집 근처 각종 도장에 다니는 것도 한 방법이 될 수 있습니다. 접근성이 좋을수록 꾸준히 지속 할 가능성이 커지니까요.

'집 근처 태권도 도장 말고 좀 더 나은 선택은 없을까?' 라는 생각이 드시나요? 무언가 부족함을 느끼시나요? 그렇 다면 장기적인 안목에서 우리 아이가 운동하는 이유와 목 적을 생각해보세요. 다음과 같은 질문을 떠올리면 선택이

쉬워질 것입니다. '일찍 시작할수록 좋은가?', '생명 유지와 직접적 연관이 있는가?' 등, 운동의 시급성과 필수성을 따져보는 것입니다.

어떤 종목이 떠오르시나요? 수영 같은 종목이 해당하겠지요. 저학년 여름방학을 활용하여 집 근처 국민체육센터나 스포츠센터에서 시작할 수 있습니다. 아이를 지켜줄 좋은 평생 친구를 만들어준다는 맥락에서 생각해보는 것입니다. 아이의 성향이나 재능과 관계없이 살아가는 데 반드시 필요한 종목인지 따져보는 것입니다.

다음으로는 가족과 함께할 수 있는 종목인지 생각해보는 것입니다. 이 대목에서 조금 의아하실 수도 있겠지만 사실입니다. '이보다 먼저 아이의 흥미와 재능을 고려해야 하는 것이 아닌가?'라는 생각이 드실 테니까요. 그런데 아이가 좀 더 자라서 자신의 흥미와 재능을 발견한 뒤, 스스로 종목을 선택해도 늦지 않습니다. 그런 기회는 자라면서 혹은 성인이 된 이후에도 얼마든지 생기니까요.

가족과 함께할 수 있는 종목을 생각하라는 것은 우리 가족의 운동을 찾으라는 의미입니다. 엄마는 에어로빅, 아빠는 산악자전거, 아들은 축구를 해도 괜찮습니다. 아무것도 안 하는 것보다는 바람직합니다. 그런데 기왕이면 한정된 시간을 의도적으로 의미 있게 쓰고자 우선적으로 노력해보시길 권해드립니다. 아이와 함께 운동을 공유하면 한결 풍요로운 삶을 살 수 있습니다. 자연스럽게 대화가 늘어나고, 서로에 대한 이해와 사랑도 깊어지니까요. 매주 주말에 무엇을 할지 고민하지 않아도 됩니다. 매일의 삶이 건강해집니다.

어떤 운동을 가족 운동으로 하면 좋을지 고민되시나요? 그럴 땐 산책부터 시작해보세요. 등산도 훌륭합니다. 줄넘기도 좋습니다. 먼저 가족 모두가 몸을 움직이는 것을 귀찮아하지 않고 운동하는 문화를 자연스럽게 만들어갈 수 있도록 노력을 기울여보세요. 운동도 사교육에 포함시켜 돌려막지 마시고 자연스럽게 가풍으로 흐르도록 하는 것이 우선되어야 합니다.

부모, 특히 엄마는 집안의 리더입니다. 리더로서 초등학교 입학 전까지 신체활동에 친화적인 토대를 만드는 것에 주력하세요. 세 살 버릇 여든까지 갈 수 있는 움직이는 습관을 만들어주는 것입니다. 앞서 이야기한 '놀이터 데이트'의 궁극적 목적이기도 합니다.

아이가 초등학교에 입학하게 되었을 때, 어떤 (예체능) 학원에 보내야 할지 고민하지 마세요. 학원 돌려막기 차원이 아닌, 가족 모두가 함께할 운동 친구를 만든다는 마음으로 구체적인 종목을 고려해보세요. 부담스럽지 않은 소박한 친구들부터 떠올려보세요. 자주 만날 수 있는 친구라면 더욱 좋겠지요. 우리 가족 모두와 오랫동안 좋은 관계를 유지할 수 있는 친구인지를 생각해보는 것입니다.

동네마다 국민체육센터가 있습니다. 저렴한 비용으로 좋은 시설에서 배울 수 있는 종목이 많이 있다는 의미입니다. 인터넷 검색도 적극적으로 해보세요. 탁구, 배드민턴, 요가, 등산, 자전거 등등 좋은 친구들이 우리 가족을 기다리고 있습니다. 아이들의 방학을 이용해 휴가 대신 '우리 가족 운동 친구 찾기' 프로젝트를 진행해보세요. 첫 친구를 잘 사귀면 두 번째, 세 번째 친구들과도 성공적인 관계를 유지할 수 있습니다. 첫 운동을 시작으로 우리 가족의 운동 레퍼토리가 풍성해집니다.

우연한 기회에 '가족 운동 찾기 프로젝트'에 성공한 제 친구의 사례를 소개합니다. 아주 오랜만에 수화기 너머 들려오는 친구의 목소리에는 걱정이 가득했습니다. 몸에 결석이 생겨 응급실에 갔고, 운동하라는 권유를 받았다고 합니다. 워킹맘인 제 친구도 먹고살기 바빠서 운동은 사치라고 생각하고 살아왔지요.

어떤 운동을 시작해야 할지 막막해하는 친구에게 저는 탁구를 권했습니다. 탁구와 배드민턴은 생활체육에서 1, 2위를 다투는 종목으로, 구장을 찾기 쉽고 레슨도 수월하게 받을 수 있다는 장점이 있습니다. 마침 방학이기도 했고 친구의 두 아들과 함께 시작하면 절대 뻘쭘하거나 심심하지 않아서 좋을 거라고 말해주었습니다. 그리고 앞으로도 좋은 가풍이 될 거라고 귀띔해주었습니다.

그 친구에게 제 탁구복과 운동화를 가져다주었습니다. 친구는 흔쾌히 그 옷을 입고 탁구장에 갔습니다. 4주 후, 의사 선생님도 믿을 수 없는 일이 일어났습니다. 신기하게도 결석이 없어진 것이죠. 아마도 탁구를 배우면서 땀을 비오듯 흘리고, 물을 많이 마신 것이 도움이 되었을 거라고 생각합니다. 친구의 중2병에 걸린 사춘기 아들도 다이어트에 성공했습니다. 막내아들은 숨겨진 탁구 재능을 찾았습니다.

그렇게 제 친구는 사랑하는 가족과 함께할 수 있는 평생 운동 친구를 만나게 되었습니다. 탁구는 가족 4명이 함께 즐길 수 있는 운동입니다. 복식 리그도 단식 리그도 할 수 있지요. 서로 이야기꽃을 피우며 행복하고 건강하게 살아가는 친구네 가족을 보면 참 뿌듯합니다. 제 친구와 같은 제2, 제3의 운동 가족이 많아지길 기도합니다.

° 왕따 고민

"저희 아이가 친구들과 잘 지내나 요?" 학기 초에 학부모님들과 상담할 때 대부분의 부모님 이 이렇게 첫 질문을 하십니다. 제가 "혹시 걱정되는 일이 라도 있으세요?"라고 물으면 아이들이 친구들과 잘 지내지 못했던 시기가 있었음을 말씀해주십니다. 관계와 사귐에 서툰 아이들이 겪었을 크고 작은 사건이 비일비재함을 깨 닫게 되는 순간입니다.

아이가 심각한 왕따(집단따돌림)를 당할 경우, 부모님의 고민과 고통은 상상을 초월합니다. 속상한 마음에 학교와 선생님에 대한 원망도 커져갑니다. "이 지경이 될 때까지 도대체 담임선생님은 무엇을 했나요?"라고 따집니다. 그간의 모든 노력이 물거품이 되는 순간입니다. 모든 화살을 가해자, 교사, 학교, 교육청으로 돌리고 사활을 건 전면전을 시작하는 경우도 마주하게 됩니다. 이 전쟁의 끝에 승자는 아무도 없습니다. 모두가 패자가 되어 심리적 혹은 물리적으로 학교라는 곳을 떠나게 됩니다. 참 안타까운 일이죠. 일이 커지기 전에 바로잡을 타이밍을 놓친 것입니다.

지난 20년간의 제 경험에 비추어보면, '왕따는 초등학교 6년 동안 누구나 한 번쯤은 앓게 되는 독감 같은 게 아닐까?' 하는 생각을 해봅니다. 대부분의 아이가 친구와의 관계 때문에 선생님을 찾기 때문입니다. "선생님, 친구들이 놀려요. 그리고 나랑 안 놀아줘요" 혹은 "선생님, 내 말을 친구들이 무시해서 힘들어요"라고 말하는 학생들을 심심치 않게 마주합니다. 소외당하고 외면당하는 건 누구에게나 힘든 일입니다. 정도와 기간에 차이는 있지만, 초등학교 6년 동안 누구나 한 번쯤은 따돌림으로 인한 고충을 겪는다고 보아야 할 것입니다. 이렇게 선생님께 말할 수 있는 아이라면 그나마 다행입니다. 이야기도 못 하고 냉가슴만 앓는 경우, 문제가 더 커지니까요. 예방주사를 잘 맞고 독감을 슬기롭게 견뎌내면 이전보다 더 건강해지듯이, 왕따도 어떻게 받아들이느냐에 따라 그 진행 양상이 달라집니다.

비율이 적기는 하지만 왕따를 당하는 것보다 더 큰 문제는 왕따를 주도하는 학생들에게 일어납니다. 왕따를 당했던 친구들보다 왕따를 주도했던 친구들이 커서 낭패를 보는 경우가 많습니다. 아무도 모를 것 같은 공간에서 한 일도 다 밝혀지기 마련입니다. 왕따를 주도한 학생은 전학을 피할 수 없습니다. 학교폭력 가해자라는 딱지도 붙습니다. 성인이 된 이후 어리석은 과거 때문에 하차하는 공인들을 우리는 어렵지 않게 봅니다. 후회해도 자신이 준 상처는 상대에게 되돌릴 수 없는 아픔으로 남습니다. 왕따를 주도하는 학생들은 질투심 많고 공격적이며 폭력적이기도 합니다. 이러한 성향은 양육환경에 기인한 경우가 많습니다.

대부분의 학생들은 왕따를 주도하기보다 왕따에 동조하거나, 방관하거나, 피해를 봅니다. 제 경험상 일시적 왕따는 크게 걱정할 일이 아닙니다. 길고 긴 초등학교 6년이라는 시간 동안 크고 작은 왕따 사건에 휘말리게 되는 것은 어찌 보면 정상이라고 생각합니다. 다 큰 어른들도 무리를 짓고 알게 모르게 왕따나 은따를 경험하는데, 감정에 솔직한 아이들이 사귐에 서툰 것은 당연한 일일지도 모릅니다.

아이들의 왕따 사건은 대부분은 시간이 흐르면 해결됩니다. 그런데 조건이 있습니다. 사건 해결을 위해서는 먼저 화살을 안으로 돌려야 합니다. 우선적으로 자기 자신에 대해서 곰곰이 생각해보아야 합니다. "내가 너무 내 감정만 드러내지는 않았나?", "친구를 배려하지 않았나?", "거짓말을 하거나 약속을 지키지 못했나?" 등을 떠올리며 그동안의 생활을 반성해보는 것입니다. 반성이 생기면 화해는 쉬워집니다.

이때 부모님의 역할이 중요합니다. 상심은 되시겠지만, 감정을 격하게 드러내서는 안 됩니다. 학교생활을 하다 보면 일어날 수 있는 일이고, 해결할 수 있는 일이라는 믿음을 주셔야 합니다. 엎질러진 물에 대해서 책망하기보다는 수습과 해결에 초점을 두셔야 합니다. 함께 자식 키우는 입장에서 '눈에는 눈, 이에는 이'라는 식의 대처는 서로에게 상처만 될 뿐입니다.

그러면 궁극적으로 왕따는 어떻게 해결할 수 있을까요? '자존감'과 '회복탄력성'에 그 해답이 있습니다. 자존감은 자신을 믿고 아끼는 마음입니다. 충분한 사랑을 받으며 성취감을 느낄 때 싹트는 심리적 기전입니다. 자존감이 강한 아이들은 왕따 사건에 휘말릴 확률이 낮습니다. 회복탄력성은 스트레스나 역경에 대처하는 힘을 의미합니다. 더 나아가 자기 주도적으로 행복한 삶을 살아내는 능력을 의미합니다. 회복탄력성이 강한 아이는 행여 왕따 사건에 휘말린다 하더라도 길을 찾아 헤쳐 나옵니다. 감기를 앓는 것처럼 이겨냅니다.

그런데 살다 보면 감기보다 심한 독감이 찾아올 때도 있겠지요. 그래서 우리는 독감 예방주사를 맞습니다. 미리 면역력을 키워놓는 것입니다. 왕따 문제도 그렇습니다. 자존감과 회복탄력성이 면역력에 해당합니다. 이 두 가지를 키우는 데 운동은 너무나 중요한 역할을 합니다. 운동을 잘하는 아이들은 친구들 사이에서 소외될 확률이 매우 적습니다. 오히려 인기가 많은 편에 속하지요.

학창 시절의 경험을 떠올려보시면 쉽게 이해할 수 있는 대목입니다. 매사 자신감 넘치던 활기찬 모습의 누군가가 떠오를 것입니다. 운동 기능도 체력도 뛰어날 뿐 아니라 끈기와 협동심, 용기도 남다릅니다. 외형적인 매력뿐 아니라 내면적으로도 성숙한 모습을 보입니다. 운동은 외형적 성장과 심리적 성숙을 도모합니다. 이 두 가지는 자존감과 회복탄력성의 자양분이 되지요. 자존감과 회복탄력성이 약하면 왕따라는 문제 상황 속에서 탈출구를 찾기 어려워집니다.

부모님들이 가장 우려하는 문제는 '우리 아이가 왕따를 당하면 어쩌지?'일 것입니다. 이 문제는 '주로 어떤 유형의 아이들이 왕따를 당하는가'와도 연결되어 있습니다. 왕따에 대한 연구를 보면 현장에서의 경험과 일치하는 부분이 있습니다. 먼저 따돌림을 시키는 원인이 있고 이것이 공격성을 가진 가해자와 만났을 때 왕따 현상이 일어납니다. 잘난 척, 어리숙함, 고자질, 약하거나 둔해 보이는 외모 등등 상대의 취약점을 집요하게 파고드는 가해자들이 있다는 것입니다.

따돌림을 당하는 주요 원인은 두 가지로 분류됩니다. 체격적 특성과 기질적 특성입니다. 쉽게 말해 외모와 성격입니다. 운동이 이 두 가지에 기여하는 바를 우리는 모두 경험적으로 잘 알고 있습니다. 왕따의 예방적 차원과 치유적 차원 모두에서 운동이 필요한 것입니다. 학교폭력 예방 및 인성 함양을 위해 모든 학교에서 학교체육과 스포츠를 활성화하는 이유가 여기에 있습니다.

그러면 왕따의 예방과 치유를 위해 어떤 운동을 해야 할까요? 줄넘기도 달리기도 좋습니다. 태권도도 배드민턴도 좋습니다. 유도, 탁구, 수영도 좋습니다. 좀 더 효율적인 종목 선택을 위해서 피해 유형과 아이의 성향을 반영할 수도 있습니다. 왕따를 주도하는 다소 공격적인 성향의 아이가 있다면 공격적인 감정을 다스릴 수 있는 기회를 주어야 합니다. 상대방에 대한 질투심과 이겨야겠다는 마음을 불러일으키지 않는 개인 운동을 추천합니다. 혼자서 반복적인 수행을 하면서 에너지를 분출하고 마음을 다스릴 수 있다는 장점이 있습니다. 달리기, 체조, 줄넘기, 요가, 수영 등 개인 운동과 함께 상담도 병행해야 할 것입니다. 만약 아이가 이러한 종목을 싫어한다면, 무도 종목을 추천합니다. 태권도, 유도, 합기도, 쿵후 등의 무도 종목은 예의범절과 정신수양을 중요시하는 운동입니다.

사귐에 서툴고 어눌하고 센스가 없어서 왕따 피해자가 될 가능성이 있는 아이들에게는 음악과 함께하는 리드미컬한 운동을 추천합니다. 기분을 밝게 만들어주고 운동에 대한 감각도 키울 수 있는 운동을 하는 것이 도움이 되기 때문입니다. 에어로빅도 좋고, 방송 댄스도 좋습니다. 음악 줄넘기도 좋습니다. 이런 학생들은 운동을 즐기고 자신감과 자존감을 회복할 수 있는 기회를 경험하는 것이 중요합니다.

탁구, 배드민턴, 테니스 등의 네트 운동도 추천합니다. 레슨이 주로 일대일로 이루어지기 때문에 아이의 운동능력에 맞는 수준별 교육이 가능하기 때문입니다. 운동을 가르쳐주시는 선생님과 교감하며 배우는 즐거움을 느낄 수 있습니다. 축구, 농구, 야구와 같은 전통적인 팀 스포츠 운동은 권하지 않습니다. 운동능력이 부족하면 또다시 그 팀 안에서 왕따가 될 확률이 커지기 때문입니다.

사실 어떤 운동도 좋습니다. 종목보다 더 중요한 것은 제대로 잘하는 것입니다. 이기거나 뽐내려는 마음은 내려놓고, 진정한 스포츠맨십을 배울 기회가 있어야 합니다. 만약 다양한 스포츠 활동에 열심히 참여하며 튼튼한 체력을 기른 아이가 다른 친구들을 괴롭히면 어떨까요? 반칙해서라도 이기고, 체육 준비물도 혼자서 독차지하려고 한다면 어떨까요? 잘하고 있다고 말하기 어렵습니다.

잘 배웠다면 페어플레이의 소중함을 알고 규칙을 지키게 됩니다. 실수한 친구를 격려하고 응원합니다. 인내하고 도전하며 자신을 다스립니다. 자신이 배우는 종목과 관련된 영화와 책을 보며 스포츠 소양을 쌓아갑니다. 그리고 운동을 사랑합니다. 그 사랑을 토대로 다양한 스포츠 활동에 참여하며 자신의 영혼을 가꾸려 노력할 것입니다. 운동하며 배운 모든 것들이 몸과 마음에 스며들게 됩니다. 코트에서, 체육관에서, 일상생활에서 운동하듯 살아가다 보면 친구들과의 사귐에서도 성숙한 모습을 보여줄 것입니다.

게임 중독

9시 30분, 교실 문이 열립니다. 1교시가 시작된 지 30분이나 지난 시간입니다. "죄송합니다!"를 외치며 들어오는 한 남학생이 있습니다. "오늘도 지각이네"라는 소리가 반 여기저기서 들립니다. 왜 늦었냐고 물어보면 늦게 일어났다고 합니다. 왜 매일 늦게 일어나는지 물어보면 새벽 3~4시까지 게임을 한다고 합니다. 허둥지둥 책을 펴고 나면 1교시가 끝나버립니다. 2교시부터는 꾸벅꾸벅 졸고 있습니다. 아무리 깨워도 소용없습니다. 급식을 먹고 또다시 엎드려 잡니다. 여학생 중에는 스마트폰을 손에서 놓지 못하는 아이들도 있습니다. 밤늦게까지 온라인 세상에서 참 바쁘게 지냅니다. 다음 날 당연히 눈에 초점이 없습니다. 일상생활 전반의 리듬이 깨진 상태입니다.

태블릿과 PC, 스마트폰 게임 등으로도 좀비처럼 지내는 아이들이 많습니다. 중독까지는 아니라도 10대 청소년의 90퍼센트 이상이 여가 시간에 컴퓨터 게임을 하는 상황이 매우 안타깝습니다. 청소년 10명 중 3명은 스마트폰 과의존 위험군입니다. 성인은 10명 중 최소 2명이 스마트폰 과의존 위험군입니다. 그리고 그 추세는 점점 심화되고 있습니다.

과학 문명의 발달로 많은 집안일을 기계가 대신하면서 현대인들은 예전보다 시간적으로나 육체적으로 여유 있는 삶을 누리지만, 대부분 앉아서 시간을 흘려보냅니다. 앉아서 일하는 노동자는 스마트폰 화면과 컴퓨터 키보드 위에서 손가락을 하루에 최대 수 킬로미터나 움직이지만, 발은 한 달 내내 1킬로미터도 움직이지 않는다는 연구 결과가 더는 충격적이지 않습니다. 아이들도 크게 다르지 않습니다. 과학의 진보가 불러온 재앙에 가까운 건강 위험 요소입니다. 자기도 모르는 사이에 게임이 일상화되고 점차 중독되어가는 것이죠.

게임 중독은 두 가지 측면에서 문제점을 유발합니다. 먼저 중독의 문제입니다. 게임 중독은 교사와의 관계, 교우관계, 학교 수업 등에서 주의력 및 집중력 결여와 같은 문제를 낳습니다. 중독된 학생들은 컴퓨터나 스마트폰을 사용하지 못할 때 심리적 불안감, 우울증 등을 경험합니다. 또한 게임 중독으로 인한 수면 시간 부족은 성장기 청소년의 건강에 악영향을 미치고 있습니다. 충동성과 공격성에 영향을 미쳐 폭력에 대한 현실 인식이 약화되거나, 현실 세계와 가상 세계를 혼동하여 끔찍한 범죄를 일으키는 등 게임으로 인한 수많은 부작용 사례가 보고되고 있습니다.

게임을 하는 동안에 신체활동 없이 앉아만 있다는 것 또한 큰 문제입니다. 장시간 앉아 있는 것은 흡연하는 것과 같거나 그보다 더 위험하다고 합니다. 이러한 라이프 스타일이 에이즈(HIV)보다 더 많은 사람의 목숨을 앗아가고 있으며, 낙하산을 타는 것보다도 위태롭습니다. 비활동적인 시간이 늘어날수록 암, 심장질환, 당뇨, 비만의 위험이 커질 수밖에 없습니다. 운동하지 않고 앉아만 있겠다는 것은 앉아서 서서히 죽어가겠다는 말과 같은 의미입니다.

게다가 젊은 시절에 비활동적인 시간이 많아지면 훗날 심혈관 질환으로 사망할 위험도 커진다고 합니다. 다시 말하면 어릴 때 많이 움직일수록 더 오래 살 수 있다는 겁니다. 우리가 운동할 때 심장도 함께 운동하고 튼튼해집니다. 몸의 구석구석 산소와 영양소를 뿜어 전달하는 엔진의 성능이 함께 좋아진다는 뜻이죠. 백 년 동안 사용해야 할 엔진의 길을 잘 들이는 것과 같습니다. 운동하면 숨이 찹니다. 우리가 숨찰 때, 심장은 열심히 성능을 업그레이드하는 것입니다.

그러므로 게임에 빠진 아이들을 움직이게 하는 것이 무엇보다 중요합니다. 실제 게임 중독의 치료를 위해 운동치료 요법이 주목받고 있습니다. 신체활동량이 늘어날수록 중독 성향이 낮아지기 때문이죠. 그런데 "게임 그만하고 제발 운동 좀 해!"라고 말하면 아이들이 운동을 하게 될까요? 당장은 억압과 차단이 가장 손쉬운 방법이겠지만, 장기적으로는 효과가 없다는 것을 부모님들께서도 이미 잘 알고 계시리라 생각합니다. 반발과 갈등만 커질 뿐이죠. 아이들은 자신에게 이익이 되는 활동이라 해도 통제받는 방식을 선호하지 않으며, 스스로 의사 결정권을 갖길 원합니다.

아이들에게는 접근 방법이 중요합니다. 게임도 하나의 문화임을 존중해주어야 하고, 그 문화를 바른 방식으로 향유하도록 도와야 합니다. 게임 문화를 즐기기 위한 나름의 규칙을 스스로 세우도록 격려해보세요. 또 게임 중독 치료를 목적으로 개발된 게임들을 찾아보세요. 차단과 억압이 아닌, 게임에 대한 폭넓은 이해와 통제력을 키워가는 과정에 목적을 두는 것입니다. 다양한 게임을 즐겨보는 차원에서 스포츠 운동 게임*을 찾아 접해보는 것도 좋은 방법입니다. 스포츠에 대한 관심과 흥미가 실제 스포츠 경험으로 이어질 수 있습니다. 또한 축구, 야구, 농구, 배구 등을 게임으로 접하다 보면 실제 규칙과 전략, 전술을 터득하는 데에도 도움이 됩니다.

---

* 스포츠 운동 게임 중 제일 유명한 것은 닌텐도 스포츠일 것입니다. 이 외에도 〈링피트〉, 〈저스트 댄스〉 등의 다양한 게임이 있으며, 이를 통해 실제로 몸을 움직이며 공간에 제약받지 않고 게임하듯 스포츠를 즐길 수 있습니다.

게임 중독

운동도 게임처럼 느낄 수 있도록 해야 합니다. 게임처럼 경쟁 상황에서 임무를 수행하고 수행에 대한 보상을 받는 것이 초반에는 중요합니다. 임무와 보상은 게임의 주된 유인책입니다. 동기를 유발하여 게임에 충성하도록 만드는 장치인 것입니다. 게임에 빠진 아이를 태권도 도장에 보내 오랜 시간 반복적인 연습을 하도록 요구하기에는 무리가 따릅니다. 흥미도 재미도 없기 때문입니다. 그보다는 스크린 야구, 스크린 양궁, 스크린 골프, 스크린 승마 등 아이들이 게임처럼 스포츠 활동을 접하며 해당 종목에 대한 매력을 느끼도록 해주면 좋습니다.

또한 스포츠 운동 게임은 신체활동을 게임처럼 즐기는 가족 문화를 만드는 데 일조합니다. 게임기를 TV 화면과 연결하여 다양한 게임을 접할 수 있지요. 탁구, 수상스키, 볼링, 농구, 자전거 등 다양한 스포츠를 온 가족이 거실에서 체험하며, 운동을 게임처럼 게임을 운동처럼 할 수 있습니다. 신체활동량을 늘리고 움직임의 기쁨을 만끽하도록 해주세요. 이를 통해 실제 스포츠는 이보다 훨씬 더 재미있다는 사실을 유추할 수 있을 것입니다. 실제 원형 스포츠를 즐기기 위한 징검다리 역할을 하는 셈입니다.

다양한 스마트 기기를 활용하는 것도 도움이 됩니다. 스마트워치에는 만보계 기능과 신체활동을 권장하는 알람이 있습니다. 그 날의 목표에 도달하면 축하 메시지도 보내줍니다. 보상이 주어지는 것이죠. 가족 중 누가 제일 많이 움직였나 알아보는 것도 경쟁심을 자극한다는 면에서 도움이 됩니다. 또는 운동화에 나이키플러스 센서를 달고 활동하면 운동량이나 운동 경로, 이용자의 칼로리 소모량 등의 데이터가 스마트폰으로 전송됩니다. 자신만의 신기록을 달성할 때마다 축하 음성 메시지와 트로피 같은 보상이 주어집니다. 챌린지 모드에서는 이용자끼리 거리나 횟수 등을 정해두고 서로 경쟁할 수도 있습니다. 남녀 대결이나 국가별 대결 등 다양한 챌린지를 마련해 스스로 운동에 몰입하게 되는 것입니다. 또한 지인과 나이키플러스 친구 맺기를 하면 운동한 거리와 횟수 등이 순위로 표시됩니다.

코로나19 팬데믹 시대, 넷플릭스의 주가도 시청률도 상승세입니다. 유튜브 시청률과 구독자 수도 상상을 초월합니다. '좋아요'와 '구독 버튼'이 사랑인 이 시대, 등교하지 않는 아이들 때문에 학부모님들의 걱정과 불만이 쌓여갑니다. 학생들이 게임과 온라인 활동에 더 심취하고 있기 때문이죠. 늦게 자고 늦게 일어나는 것은 기본이고, 집 안에서 좀비처럼 있는 아이들을 보면 한숨이 절로 나옵니다. 자기 전까지 스마트폰을 놓지 못하고 무언가를 보고 있습니다.

게임 중독까지는 아니더라도, 움직이지 않는 건강하지 않은 삶이 확대되는 슬픈 현실에 아이들이 무방비 상태로 노출되고 있습니다. 스티브 잡스가 애플사의 사장이던 시절, "당신의 아이들도 아이패드를 엄청 좋아하겠군요"라는 질문에 그가 "우리 아이는 아이패드를 써본 적이 없어요"라고 답했다는 것을 기억하세요. 아직 스마트폰이나 태블릿을 사주지 않은 부모님께서는 잘하고 계신 겁니다. 스마트 기기에 천천히 노출될수록 아이들은 자신의 모든 감각을 활용하여 몸으로 배울 기회가 더 많아집니다. 몸으로 배울 때 더 많이, 더 온전히 배울 수 있습니다.

이미 아이들이 너무나 많은 시간을 스마트 기기에 의존하고 게임에 몰입하고 있다면, 다음 세 가지를 기억하세요. 첫째, 스마트 기기 혹은 게임을 즐기기 위한 올바른 방법이 무엇인지 스스로 생각하고 규칙을 정하도록 하세요. 둘

째, 게임을 운동처럼 운동을 게임처럼 할 수 있는 방법을 적극적으로 찾아보세요. 셋째, 부모님의 생활을 돌아보세요. 아이들은 부모를 보고 배웁니다. 부모가 현명한 방식으로 시간을 쓰면 아이들도 따라 합니다.

아이들에게 좋은 롤모델이 되어주세요. 스마트폰을 내려놓고, 아이와 함께 더 많이 움직이고, 여가 시간을 의미 있게 보낼수록 가족 모두가 더 행복해집니다. 게임이 없이도 삶이 충분히 즐겁고 행복할 수 있음을 깨달을 때, 게임의 유혹을 이겨낼 수 있으니까요.

˚ 운동 vs 공부

초등학교 고학년이 되면 사교육 선택에 뚜렷한 변화가 생깁니다. 국어, 수학, 논술 등 대학 입시에 도움이 되는 과목 위주로 학원을 선택하게 되지요. 이제 그만 놀고 공부에 집중해야 할 때라고 생각하는 것입니다. 더는 태권도 도장에 다니지 않습니다. 공부를 잘하려면 공부할 시간을 늘려야 한다는 것이 일반적인 생각입니다. 신체활동으로 에너지를 쓰면 아이들이 힘들어서 공부를 못 한다고도 생각합니다. 이러한 경향은 고등학교 3학년까지 계속 심화됩니다. "공부할 시간도 없는데 무슨 운동

이야?"라고 말합니다. 심지어 운동하면 머리가 나빠진다고도 합니다.

공부를 위해서는 운동을 포기해야 하는 걸까요? 학습과 운동의 상관관계를 이야기하는 사례들 속에서 우리는 이 문제에 대한 해답의 실마리를 찾을 수 있습니다.

첫 번째는 '네이퍼빌의 기적'이라 불리는 0교시 체육수업 사례입니다. 네이퍼빌 고등학교는 정규수업 시작 전에 학생들이 1.6킬로미터를 달리게 하는 체육수업을 넣었습니다. 달리는 속도는 자기 체력 내에서 최대한 열심히(자기 심박수의 80~90퍼센트 정도) 뛰도록 했습니다. 이후 1, 2교시에는 가장 어렵고 머리를 많이 써야 하는 과목을 배치해 공부하도록 했습니다. 이렇게 한 학기 동안 0교시 체육수업을 받은 학생들은 학기 말이 되자 학기 초에 비해 읽기와 문장 이해력이 17퍼센트나 향상됐고, 0교시 체육수업에 참가하지 않은 학생들보다 성적이 2배 가까이 좋아졌습니다. 국제학력평가에서도 과학 1등, 수학 6등을 차지했습니다. 0교시 체육수업의 목적은 격렬한 운동을 통해서 학생들의 두뇌를 학습에 적합한 상태로 만드는 것이라고 합니다. 뇌

를 깨워서 교실로 들여보내는, 수업 준비를 위한 체육수업
인 것입니다.

두 번째는 운동이 학생들에게 미치는 효과와 관련된
850편의 논문 분석 결과를 통해 알 수 있습니다. 이 850편
의 논문은 일주일에 3회 이상 30~45분간 시행하는 중강도
이상의 운동이 학생들의 비만, 혈압, 우울증, 불안, 학업 성
취도 등과 어떤 관련이 있는지 알아보는 연구들이었습니
다. 2004년에 각 분야의 저명한 학자 13명으로 구성된 조
사단이 발표한 이 논문 분석 결과지에는 학생들이 매일 최
소 한 시간 정도 중강도 이상의 강도로 운동해야 한다고
강력하게 권고합니다. 특히 운동이 기억력과 집중력, 수업
태도에 긍정적인 영향을 끼친다고 합니다.

종합해보면 공부를 위해서 운동을 포기해야 하는 것이
아니라, 오히려 그 반대입니다. 결국 공부를 위해서 운동해
야 하는 것입니다. 운동이 공부에 도움이 된다는 것을 과
학적 연구들이 밝혀냈습니다. 그런데 어떻게 이런 것이 가
능할까요? 운동하면 우리 몸에 어떤 변화가 일어나기에 공
부에 도움이 되는 것일까요? 공부 머리와 운동신경은 어떤

관련이 있는 걸까요?

인간의 신체는 뇌의 명령에 따릅니다. 운동신경, 공부 머리, 공간지각능력, 언어능력, 감각, 기억력, 집중력 등은 뇌의 기능을 분류하여 일컫는 말입니다. 뇌에는 신경 세포가 있습니다. 이 신경 세포들이 활발하게 소통하고 발달하지 않으면 모든 생체 기능이 저하됩니다. 뇌 속 세포들의 소통이 활발할 때가 뇌가 건강한 때이며, 우리의 지식과 능력이 성장하는 때입니다. 뇌 속 신경 세포들이 다양한 자극을 받고 정보를 더 자주 소통할수록 세포가 단단해지고 길어지며 튼튼해집니다. 뇌가 젊어지고 건강해지게 되는 것입니다.

세포가 일하지 않으면 쪼그라들고 소통도 잘 안 됩니다. 우리가 물건의 이름을 잊어버리거나 어떤 일에 둔해질 때가 이런 경우입니다. 그 부분의 네트워크가 끊긴 상태가 되는 것이죠. 뇌세포 사이의 연결이 서서히 끊어지면서 사람 이름이 기억나지 않거나, 알 듯 말 듯 정확하게 말로 표현할 수 없는 상태를 경험하게 되는 것입니다.

줄넘기나 달리기를 하면 운동, 신체 조정력, 감각을 담당하는 뉴런들이 더 자주 소통하여 새로운 네트워크를 형성하게 되는 것은 당연한 일입니다. 특히 유산소 운동을 열심히 하면 뇌에 산소 공급이 원활해집니다. 몸을 움직일수록 자극은 늘어나고 세포가 튼튼해지며 젊어집니다. 움직임의 선순환이 시작되는 것입니다.

반면, 움직이지 않으면 뇌세포는 쪼그라들어 잠든 상태가 됩니다. 뇌가 늙어가는 것이죠. 뇌세포는 운동할 때 깨울 수 있습니다. 운동하면 뇌 혈류량이 증가하고, 영양 공급이 잘 됩니다. 네이퍼빌에서 0교시 체육을 한 이유가 바로 여기에 있습니다. 이렇게 뇌세포가 깨어나면 학습한 내용을 오랫동안 기억할 수 있고 집중력도 좋아집니다. 운동에는 건강한 신체를 만들어가는 것 이상의 의미가 숨겨져 있습니다. 운동하면 도파민과 세로토닌과 같은 신경전달물질의 분비가 원활해집니다. 마음을 진정시키고 우울이나 강박에서 벗어나게 해줍니다. 균형 잡힌 삶을 살 수 있도록 해주는 것입니다. 이것이 바로 운동의 선순환입니다. 운동을 통해 똑똑하고 튼튼하고 행복하게 살 수 있습니다.

여기에서 우리는 아이들이 운동을 싫어하거나 못해도, 운동을 해야 하는 이유를 찾을 수 있습니다. 운동신경이 없는 몸치일수록 움직여야 합니다. 운동신경이 없다는 것은 나의 운동신경을 관장하는 뉴런이 잠든 상태이거나 쪼그라든 상태라는 의미입니다. 다양한 움직임과 신체활동 및 운동으로 뇌세포를 깨워 튼튼하게 만들어야 합니다. 몸과 정신은 하나라는 말은 이런 맥락에서 이해할 수 있습니다. 결국 우리는 운동을 하지 않아서 운동을 못하는 몸이 되는 겁니다. 그리고 서서히 명을 재촉하며 죽음을 기다리고 있는 형국에 놓입니다.

달리면 숨이 찹니다. 심장과 폐가 열심히 일한 덕분에 심폐지구력이 향상됩니다. 뇌 속의 세포도 부지런히 운동신경 네트워크를 구축합니다. 달리면 달릴 수 있는 몸이 됩니다. 달릴 수 있는 몸이 되면 다른 모든 기능이 좋아집니다. 공부도 잘하게 되고 더 잘 달리게 됩니다.

그렇다면 특별히 공부에 도움이 되는 운동이 있을까요? 공부에 도움이 되려면 뇌를 위한 운동을 해야겠지요. 뇌에 산소 공급이 원활하고 양분도 충분히 공급할 수 있는 유산소 운동이 제격입니다. 달리기, 수영, 자전거 타기 등이 유산소 운동입니다. 너무 고강도의 운동은 적합하지 않다고 합니다. 너무 숨이 찬 운동을 하면 혈액이 운동하는 데에만 쏠리기 때문입니다.

보통 강도의 운동이 좋습니다. 자신의 최대 심장박동 수치의 60~70퍼센트 정도를 유지하는 정도입니다. 달리기하면서 옆 사람과 대화 나누기 힘들 정도의 강도입니다. 호흡이 가빠지는 것을 느낄 수 있어야 합니다. 물론 평소에 운동을 전혀 하지 않았다면 걷기부터 시작해야겠지요. 아이 스스로 공부를 잘하기 위해 그리고 건강한 삶을 살기 위해 매일 운동하는 습관을 만드는 것이 중요합니다.

공부하는 궁극적인 이유는 지혜를 쌓는 것입니다. 전반적인 사고력과 판단력을 기르는 것을 의미합니다. 지혜를 쌓는 데 도움되는 운동을 찾고 있다면 팀 스포츠에 도전해 보세요. 배구, 야구, 축구 등의 단체 경기는 여러 명이 협동하여 이기기 위한 전략과 전술을 끊임없이 생각해야 하는 게임입니다. 규칙과 전략을 이해하고 의사소통을 효율적으로 하며, 최선의 선택을 해야 좋은 게임을 할 수 있습니다. 게임에서 졌을 때는 그 이유를 반성하고 같은 실수를 반복하지 않기 위해 연습합니다. 실전에서 순간순간의 상황을 정확하게 판단하고 최고의 결정을 내리는 연습을 쌓아가다 보면 지혜가 쌓입니다. 운동 속 지혜가 삶 속의 지혜로 전이되는 과정입니다.

그런데 팀 스포츠는 장소와 인원의 제약으로 매일 즐기기는 어렵습니다. 그러니 개인 운동과 병행하며 한 달에 두 번 이상 정기적으로 참여할 수 있는 방법을 찾아보세요. 스포츠클럽에 가입하는 것도 한 방법이 될 수 있습니다.

결국 모든 일에는 체력이 중요합니다. 공부도 체력이 있어야 하는 겁니다. 단, 너무 조급하게 생각하지는 마세요. 하루아침에 좋아지는 것은 아무것도 없습니다. 체력도 그렇습니다. 운동을 통해 꾸준히 길러가는 것밖에 방법이 없습니다. 공부를 잘하기 위해서는 공부만 하는 것이 아니라 꾸준히 운동도 해야 합니다. 뇌의 기능이 좋아야 공부도 잘할 수 있으니까요. 운동을 하면 공부를 잘하게 되고, 공부를 하면 운동을 더욱 잘하게 됩니다. 건강하고 튼튼한 뇌는 운동신경 세포도 튼튼하기 때문입니다.

이제는 공부 때문에 운동을 그만두게 하지 마세요. 운동 선순환의 힘을 믿는 건강한 가족으로 거듭나시길 기원합니다.

° 내성적인 성격

                        잿빛 하늘에서 비가 쏟아져 내리
는 아침이었습니다. 교실 인터폰이 울렸습니다.

"선생님, 비가 너무 와요. 오늘 학교 가는 거 맞죠?"

학부모의 전화였습니다. 저는 이렇게 말씀드렸습니다.

"네, 우비나 우산 잘 챙겨서 보내주세요."

교사생활을 하면서 받은 황당한 전화에 속하는 일화입
니다. 1학년 학부모는 1학년이라고 생각하면 된다는 선배
님들의 말씀이 무엇인지 깨닫는 순간이었죠. 비 오는 날에
교실은 특히 더 소란해집니다. 빗물에 떠내려갈 듯 아이들

은 정말 신나게 떠듭니다.

"손 머리하고 눈 감으세요. 오늘 너무 소란스럽네요. 조용히 눈 감고 마음을 진정하세요."

이내 교실은 곧 조용해졌습니다. 눈을 뜨고 각자 아침 활동을 합니다. 그런데 3분쯤 지나고 나서 이 평화가 깨지는 일이 벌어졌습니다. 평소 조용한 성격에 체구가 왜소한 한 여자아이가 흐느끼기 시작한 겁니다. 다가가서 보니 의자 밑으로 물이 번지고 있습니다. 화장실에 다녀오겠다는 말을 못 해서 그 자리에서 오줌을 싼 것이었습니다. 반 아이들에게는 선생님이 물을 엎질렀다고 말하며 조용히 아이를 데리고 나와 뒤처리를 했지만, 아이에게 너무 미안한 순간이었습니다. 그 뒤 저학년 담임을 하게 되면 활동을 시작하기 전, 화장실 사용에 대해서 다시 한번 일러주곤 합니다.

이 사례처럼 학교에서는 내성적이고 소심한 아이들이 이야기를 제대로 하지 못해서 이런저런 실수를 하는 경우가 종종 생깁니다. 이때 담임교사가 처리를 잘못하면 그 아이는 놀림을 받기 쉽습니다. 이것이 발단이 되어 점점 더 소극적이고 내성적으로 되기 십상이지요. 소심하고 내성적인 아이들은 학교생활을 즐겁게 하기 어렵습니다. 발표도 서툴고, 선생님과 친구들에게도 자신의 의견을 제대로 말하지 못합니다.

제가 경험한 내성적인 아이들은 혼자서도 잘 노는 아이들입니다. 혼자 있을 때 마음이 편안하며, 특별한 보상이 없어도 자기 할 일을 잘하는 아이들입니다. 수줍음이 많아 많은 아이들과 교류하지는 못하지만, 한두 명과 깊은 우정을 유지합니다. 절친의 존재가 인생에서 큰 비중을 차지합니다. 삶의 에너지를 자기 내면으로 집중하며 조용한 삶을 살아갑니다. 교실 안에는 외향적인 성향의 아이들보다 내성적인 성향의 아이들이 더 많습니다. 정도의 차이입니다. 학교에 다니며 제대로 된 교육과 사회화를 거친다면 실속 있는 삶을 살아갈 확률이 높습니다. 건전한 마인드를 가진 내성적인 성향의 어른들이 여러분들 주변에도 많으리라 생각합니다.

그런데 학교라는 공간은 내성적인 아이가 조용한 삶을 즐기는 데 적합하지 않은 환경이기도 합니다. 프로젝트 학습, 자기 주도적 학습, 모둠별 토의·토론 등 적극적인 의견 교환을 통해 배움을 익혀가는 과정에서 내성적인 성향의 아이가 겪을 고충이 눈에 선합니다. 수줍음이 많을수록 새로운 과제에 적응하고 생각을 표현하는 데 어려움을 겪습니다. 크고 나서는 자기 삶의 유형을 선택할 수 있으니 원하는 방식대로 살아가면 됩니다. 그러나 적어도 학교에 다니는 동안에는 여러 친구와 어울리고 모든 배움의 장면에서 새로운 것에 도전하며 살아내야만 합니다.

또 한 가지 내성적인 아이들의 특징은 잘 움직이지 않는다는 점입니다. 움직이는 것을 싫어합니다. 책 읽기나 그림 그리기 등의 활동은 즐겨하는 반면, 운동장에 나가면 주변만 배회하기 일쑤입니다. 숨이 찰 정도로 달리는 모습을 보기 어렵습니다. 성장과 건강을 위해서는 아이 스스로 즐겁게 움직여야 하는데, 화장실 갈 때를 빼고는 온종일 책상 앞에 앉아 있습니다.

집에 가서도 별반 다르지 않습니다. TV나 책을 보거나, 음악을 들으며 숙제하면서 혼자만의 시간을 즐깁니다. 아이가 가진 에너지는 점점 발산되지 못하고 안으로 흐르는 내성적인 성향으로 굳어집니다. 이 시기에 학교 교육과 가정 교육을 통해 움직일 수 있는 기회가 주어지고, 움직이는 기쁨을 느껴보아야 합니다. 이런 경험을 통해 나름의 방식으로 세상과 소통하며 살아갈 토대를 마련해나갈 수 있습니다.

움직일 필요를 못 느끼는 내성적인 아이들을 어떻게 하면 움직이게 할 수 있을까요? 여유를 가지고 운동을 간접적으로 체험해보게 하며, 움직이는 삶에 대한 필요성과 흥미를 유발해야 합니다. 운동을 간접적으로 경험한다는 것은 무슨 의미일까요? 자신의 몸으로 직접 체험하는 것과 대조적인 의미입니다. '정말 나도 운동하면 저런 느낌을 가질 수 있을까?' 하며 한번 시도해보고 싶은 마음을 불러일으키는 방법입니다. 내성적인 성향에 적합한 운동을 보고, 듣고, 그리면서 체험한다는 의미입니다. 수영에 대한 영화를 보고, 등산에 대한 프로그램을 볼 수 있겠죠. 경기 관람도 좋은 예입니다. 달리기를 주제로 한 다양한 글을 읽어보는 것도 해당합니다. 스포츠를 주제로 한 사진이나 그림을 보는 것도 좋습니다. 아이가 좋아하는 그리기나 글, 영화를 매개로 하여 운동에 대한 흥미를 끌어내는 것입니다. 이것이 계기가 되어 운동을 꾸준하게 할 수 있도록 북돋아 주어야 합니다.

그렇다면 내성적인 성향에 적합한 운동으로는 어떤 것들이 있을까요? 내성적인 아이에게 적합한 운동은 개인 종목입니다. 여러 사람들과 활발히 교류하면서 즐거움을 얻는 외향적인 아이와는 정서적으로 다른 특성을 보이기 때문입니다. 여러 사람들과의 어울림에서 많은 에너지를 소모하는 것이 체질상 맞지 않기 때문에 홀로 즐길 수 있는 종목으로 첫발을 내딛는 것입니다. 수영, 자전거, 달리기, 등산, 요가, 태권도, 검도 등이 좋겠지요. 또는 양궁, 사격, 골프 등 신중함과 정확성을 요구하는 종목들도 좋습니다.

엄마, 아빠와 함께 시작하는 것도 좋은 출발이 됩니다. 수줍음이 많고 새로운 환경에 대한 적응이 어려운 성격이라면, 가족 모두가 함께 시작하는 것도 방법이 될 수 있습니다. 친한 친구와 같이 시작하는 것도 좋겠지요. 가급적 단체 레슨보다는 소그룹이나 일대일 레슨이 좋습니다. 운동을 가르쳐주는 선생님께 아이의 성향을 미리 말씀드려야합니다. 운동과 친해질 수 있고 재미를 느낄 수 있도록 여유 있는 지도와 칭찬이 필요한 아이이기 때문입니다. 큰소리로 과격하게 가르치면 하루 해보고 도망갈 수 있습니다.

이건 어디까지나 첫 시작입니다. 첫 시작이 좀 힘들 뿐입니다. 물꼬를 터주면 그 뒤로는 스스로 선택해서 열심히 할 성향의 친구들입니다. 시동만 걸어주면 특별한 보상 없이도 성실하고 꾸준하게 움직일 수 있는 아이들이 내성적인 성향의 아이들입니다. 꾸준하게 다양한 운동을 접하다 보면 건강하고 건전한 사회인으로 성장합니다. 남들보다 더 많이 연습해서 능숙함으로 수줍음이나 떨림을 극복해 갑니다. 그렇게 수줍음이 차츰 없어지고, 자신감도 생깁니다. 할 말과 안 할 말을 구분하며, 적절한 시기에 자신의 의견을 멋지게 표현할 수 있게 됩니다. 타고난 성실함이 운동으로 다져진 체력과 합쳐져 빛을 발하는 순간이 찾아오게 됩니다.

우리 아이가 너무 내성적이어서 고민하시나요? 내성적인 성격 자체가 문제되는 것은 아닙니다. 내성적인 성격을 외향적으로 고쳐야 한다는 생각이 문제입니다. 그렇게 될 수 없는 문제이기도 하고요. 다만, 내성적인 아이들이 학교

생활을 하는 데 따르는 불편함을 인지해야 합니다. 그리고 그러한 불편함을 해소하는 데 운동이 좋은 방법이 될 수 있음을 하루라도 빨리 깨닫고 실천하는 것이 바람직합니다. 내성적인 성향의 아이가 운동을 안 하는 것은 여러 가지 면에서 손해이기 때문입니다.

서두에서 언급했던, 선생님께 말하지 못해 오줌을 쌌던 수줍음 많고 또래보다 훨씬 왜소한 체구의 여자아이는 어떻게 되었을까요? 상담을 통해 아이가 좋아하는 것이 음악임을 알게 되었습니다. 여자 아이돌 가수를 좋아한다는 말을 듣고 어머니와 상의해 운동을 권했습니다. 마침 학교에 방과후 교육활동 부서로 방송댄스부가 있었습니다. 친한 친구 한 명도 권해서 둘이 같이 방송댄스부에 들어가게 되었습니다. 방과후 활동이 있는 날, 학교 끝나고 어디 가냐고 일부러 물어주는 센스가 필요합니다. 들릴 듯 말 듯 작은 목소리로 방송댄스부에 간다고 하는 아이에게 "정말 재미있겠네. 선생님도 너무 배우고 싶다"라고 말하며 기운을 북돋아 주었습니다. 그날 이후 아이는 서서히 변해갔습니다. 표정이 밝아지고, 모둠활동에서 자기가 해야 할 말을 나서서 하고, 다른 친구들도 챙겨줍니다. 운동장에 나가서도 더 이상 가장자리를 배회하지 않았습니다.

아이들은 참 신기한 존재입니다. 어른들의 예상보다 치유력과 적응력이 훨씬 뛰어나거든요. 다만 그 시작이 늘 어렵습니다. 시작 버튼을 누를 수 있는 환경을 만들어주는 사람이 부모이고 가족이고 선생님인 듯합니다. 스스로 시작하지는 못하지만 기회가 주어지면 빛을 발하는 보석 같은 존재들입니다. 저는 그런 아이들을 매일 봅니다.

° 산만한 아이

매 학기 초가 되면 학년이나 학교 전체에서 유명한 아이가 몇 반이 되었나가 큰 관심거리입니다. 공부를 잘하거나 예뻐서 유명한 아이가 아닙니다. 너무나 감당하기 힘든 행동을 하는 아이입니다. 담임선생님도 반 친구들도 그 아이와 같은 반이 되면 1년 내내 고생할 각오를 단단히 해야 합니다. 수업이 시작하면 벽에 머리를 쿵쿵 박거나, 벌떡 일어나서 소리를 지릅니다. 바깥으로 나가 복도를 질주하기도 합니다. 선생님과 아이들이 찾으러 나갑니다. 한바탕 숨바꼭질 소동이 끝나면 어느새 점심 먹을 시간이 됩니다. 컴퓨터실에 가서 활동할 때면, 그 아이는 모니터를 보며 자기가 하고 싶은 게임을 찾아서 합니다. 게임하는 시간은 아니지만, 어찌 되었든 조용히 자리에 앉아 있어주는 것에 감사할 따름입니다. 자기 마음에 들지 않는 상황이 생기면 마음대로 집에 가거나, 학교를 나갑니다. 주변 PC방을 모두 뒤져 아이를 찾느라 선생님도 부모님도 진이 빠집니다. 이런 상황이 매일 반복되니 매 학기 초 그 유명한 아이의 거취에 촉각을 곤두세울 수밖에 없습니다.

이런 유형의 아이들은 ADHD(Attention Deficit Hyperactivity Disorder), 즉 주의력 결핍 과잉행동 장애를 가지고 있습니다. 주의집중을 잘 못 하고, 과도한 행동을 합니다. 때로 과잉행동은 하지 않고 집중하기만 어려워하는 아이도 있습니다. 언뜻 보기에 매우 산만하고 제멋대로 행동하는 버릇없는 아이들로 생각하기 쉽습니다. 매일 지각하지만 지능에 문제가 있는 것은 아니라서 시험을 잘 보는 아이들도 있습니다. 예측할 수 없는 별난 행동 때문에 고집이 세고 불량한 아이로 보일 수도 있습니다. 만약 내 아이가 어쩜 저럴까 싶을 정도로 잘 이해되지 않는 행동을 하고 있

2장. 우리 아이의 운동 이야기

다면, 전문가와의 상담을 통해 조기에 발견하고 치료를 받아보시길 권합니다.

그런데 교실 안에 ADHD 진단은 받지 않았지만, 주의력이 약한 아이들이 점점 많아지고 있습니다. 정리 정돈을 하지 못합니다. 쉽게 짜증 내고 화를 냅니다. 불필요한 외부 자극들에 민감하게 반응하거나, 약간의 지루함도 참지 못합니다. '지금 당장'만 있을 뿐입니다. 미래를 위해 참고 노력하기란 생각도 하기 힘듭니다. 몸을 비비 꼬고, 한시도 가만히 있지 못합니다. 말하고 싶은 욕구, 움직이고 싶은 욕구 등을 참지 못하고 자기 하고 싶은 대로, 기분 내키는 대로 하며 학습 분위기를 흐리는 아이들이 많아지는 것입니다. 주의가 산만한 아이들의 숫자가 늘어나고 있다는 현상에 많은 선생님들이 공감하고 있습니다.

다만, 부모님들께 이런 부분에 대해 조심스럽게 말씀드리면 종종 "우리 아이는 오히려 집중력이 뛰어난 것 같아요. 몇 시간 내내 꼼짝하지 않고 게임을 잘하거든요"라고 하십니다. 혹은 몇 시간 내내 블록을 만드는 등, 자신이 하고 싶은 일에 집중을 잘한다고 합니다.

그런데 산만하고 주의력에 문제가 있다는 것은 집중하거나 몰입을 할 수 없다는 뜻이 아닙니다. 주의력 결핍이란 원하는 때에, 필요한 시기에 주의력이나 집중력을 발휘하지 못하는 상태를 의미합니다. 해야 할 과제가 변할 때마다 물 흐르듯 자연스럽게 주의를 전환하여 집중하고, 불필요한 자극에 반응하지 않을 수 있을 때 집중력이 좋다고 말할 수 있습니다. 일과를 지키며 그때그때 자신이 해야 할 일들에 집중해야 하는데, 주의력에 문제가 있다는 것은 그런 것이 어려운 상태임을 의미합니다. 자신이 해야 할 일을 잘 잊기 때문에 숙제를 미루고, 지각이 일상이 됩니다.

정도의 차이는 있겠지만 혹시 이 글을 읽으며 '우리 아이도 주의력에 문제가 있을 수 있겠구나' 하는 생각이 드시나요? 반대로 아이가 아닌 나에게 주의력 문제가 있는 듯하다는 느낌을 받을 수도 있습니다. 실제로 성인 100명 중 3명은 ADHD라고 합니다. 꼭 ADHD가 아니더라도 누구나 주의력에 문제가 있을 수 있습니다. 그렇다면 다음에 소개하는 쥐 실험에서 희망의 싹을 발견하실 수 있으실 겁니다.

한 실험에서 도파민 세포를 죽인 쥐에게 하루 두 차례씩

달리기를 시켰습니다. 그랬더니 운동한 쥐의 도파민 수치가 정상이 되었으며, 운동근육 기능도 나빠지지 않았습니다. 운동을 하면 새로운 도파민 수용체가 생성되어 도파민 수치가 높아지기 때문입니다. 주의력 회로는 신경전달물질인 도파민의 통제를 받습니다. 도파민은 어떤 일에 집중할 수 있는 동기와 의욕을 불러일으키는 데 중요한 역할을 합니다. 도파민의 주된 역할은 주의력 체계를 조절하는 것입니다.

쥐 실험이 우리에게 알려주는 것은 무엇일까요? 주의력 향상을 위한 최고의 비결은 운동이라는 점을 말하고 있습니다. 제 경험상 오전에 체육 시간을 배치하여 열심히 신체 활동을 하고 나면 온종일 수업 분위기가 차분합니다. 그래서 저는 시간표를 짤 때 의도적으로 체육을 1교시에 넣습니다. 제가 만났던 ADHD 아동들 또한 운동장이든 복도든 한바탕 질주하고 난 뒤에는 그래도 교실에 앉아 있을 수는 있었습니다.

실제로 매일 달리기를 하며 자신의 주의력 결핍 문제를 조절하며 사는 성인 ADHD 환자의 사례들이 보고되고 있습니다. 아침에 운동하고 오전 중 중요한 일을 처리하며,

오후에 집중력이 떨어지면 약을 복용한다고 합니다. 자신에 대해 잘 알고 꾸준히 운동하면서 조절하며 살면 ADHD가 있어도 얼마든지 성공할 수 있습니다. 과잉행동, 비선형적 사고, 모험심과 같은 자질이 성공을 부르는 열쇠가 될 수 있기 때문입니다.

주의력에 문제가 있는 아이를 위해서는 운동 계획을 세우는 것이 무엇보다 중요하다는 사실을 깨달으셨을 겁니다. 주의력 향상을 위해서는 운동이 필요하다는 것도요. 어떤 운동 계획을 세워야 할까요? 학생이기에 일단 학교에 가서 공부하는 것을 가장 중요한 일과로 생각한다면, 학교 가기 전에 운동할 방법을 고민해봐야 합니다. 아이가 게으름을 피우기 이전인 어릴 때부터 아침 운동 습관을 들이면 좋겠지요.

달리기도 좋고 줄넘기도 좋습니다. 숨찰 정도로 한바탕 뛸 수 있는 운동들로 에너지를 발산함과 동시에, 뇌의 전반적인 발달이 이뤄지고 호르몬들이 원활하게 분비될 수 있도록 만드는 것입니다. 숨이 차고 가빠지는 중고강도의 운동을 매일 20분 이상 해주는 것이 좋습니다. 주의력 체계를 조절하는 뇌를 활성화하는 것이죠. 집 근처에 체육센터가 있다면 새벽 프로그램에 등록하는 것도 방법입니다.

꾸준하게 아침 운동을 하는 목적은 학교에서 수업이나 활동에 집중하기 위해서입니다. 학교라는 공간은 주의력에 문제가 있는 학생들에게 최악의 공간이기 때문입니다. 재미없는 활동도 해야 하고, 모두를 위해 기다려야 하는 일이 많은 곳입니다. 이때 운동을 통해 얻은 기쁨과 만족감, 성취감, 자신감, 자아존중감 등이 아이들에게 건전한 의욕과 동기를 불러일으키게 됩니다. ADHD 진단을 받은 경우라면 운동과 함께 처방받은 약도 먹어야겠지요. 약을 먹고 오지 않으면 온종일 그 교실은 난장판이 되기 일쑤입니다. 힘든 아이라는, 문제아라는 낙인이 찍히지 않는 것도 중요합니다. 이 질환에 대한 통제력을 가지고 생활할 수 있다는 자신감을 쌓아가는 것입니다.

다시 한번 쥐 실험에 대해서 이야기해보려 합니다. 운동 종목에 대한 아이디어를 얻을 만한 대목을 발견할 수 있으니까요. 단순히 달리기를 한 쥐들과 복잡한 운동을 한 쥐들의 뇌를 비교해보았습니다. 트레드밀 위에서 달리기한 쥐에 비해 복잡한 운동 기술을 요구하는 무술, 체조와 비슷한 곡예 운동을 한 쥐에게서 신경 세포의 성장 인자 수치가 더 급격하게 늘어났다고 합니다. 복잡하고 고난도이며 뇌를 적극적으로 사용하는 운동일수록 주의력 향상에 도움이 된다는 의미입니다.

실제로 주의력 결핍인 아이들에게 권하는 운동 종목 중에는 무도가 있습니다. 태권도를 하며 여러 가지 면에서 아이가 개선되었다고 하는 부모님들의 말에 힘이 실리는 대목이네요. 태권도, 검도, 유도, 쿵후처럼 두뇌와 몸을 함께 쓰며 고난도의 동작에 운동근육을 사용하는 운동이 좋습니다. 체조나 기계체조도 좋습니다. 명상을 하며 요가를 수련하는 것도 좋습니다. 사실 어떤 운동이든 다 좋습니다. 꼭 이런 운동을 해야 한다고 부담을 느낄 필요는 없습니다. 각자의 상황과 처지에 맞게 적절한 운동을 선택하여 꾸준하게 실행하는 것이 중요합니다. 무엇보다 아이의 부족함을 자책하거나 책망하지 않아야 합니다.

ADHD를 그대로 방치한 채 성인이 되면 중독적인 성향이 강해집니다. 마약, 알코올, 담배, 성과 같은 강력한 자극에 빠지기 쉬워집니다. 성격이 급해 종종 교통사고를 내거나 대인관계에서 어려움을 겪게 될 수도 있습니다. 연인 관계에서도 문제가 발생합니다. 이직이나 이혼율도 높습니다. 우울증이나 강박증, 불안 장애가 함께 나타나기도 합니다. 노력했는데도 안 되니 피해의식도 크다고 합니다.

그러나 꾸준히 운동하며 잘 조절하여 타고난 특유의 활력 에너지로 성공하는 사람들도 많습니다. 정리는 안 되지만 호기심과 창의력이 뛰어난 장점이 있지요. 충동성은 결단력과 순발력으로 이어질 수 있습니다. 화가 살바도르 달리, 피카소, 고흐가 ADHD였습니다. 문학가로는 톨스토이, 버지니아 울프, 피츠제럴드, 예이츠, 로버트 프로스트가 있습니다. 헨리 포드, 말콤 포브스, 빌 게이츠, 앤드루 카네기, 라이트 형제, 에디슨, 벤저민 프랭클린, 케네디, 체 게바라도 ADHD였습니다.

희망을 가지고 꾸준히 운동하며, 자기 삶에 대한 통제력을 높여가는 것을 목표로 살아가다 보면 세상이 우리 아이에게 집중할 날이 올 것입니다.

° 키 키우기

저는 지금도 키가 큰 사람이 부럽습니다. 키에 대한 진한 아쉬움을 가지고 살아가고 있지요. 다리 길이가 5cm만 길었더라도 인생이 바뀌었을 거라고 생각합니다. 직업이 달라졌을 테니까요. 지금 내가 알고 있는 것을 그때도 알았더라면, 하는 아쉬움이 많이 남습니다. 세상은 신장이 아니라 심장으로 산다는 말이 그리 위로되지 않는 순간도 많습니다.

아이들의 키 때문에 고민하고 키를 키우기 위해 적극적으로 노력하는 부모님들이 많습니다. 자신의 인생에서 키가 의미하는 중요성을 알고 스스로 노력하는 아이들도 늘고 있습니다. 필요한 일이고 의미 있는 노력이라고 생각합니다. 이런 노력에 효율성을 더하면 좋겠지요. 답은 정해져 있습니다. 잘 먹고, 잘 자고, 적절히 운동해야 합니다.

키가 크기 위해서는 일단 잘 먹어야 합니다. 많이 먹는 것이 잘 먹는 것이라고 생각하시진 않겠지요? 많이 먹기보다는 몸에 좋은 것을 골고루 먹어야 합니다. 탄산음료나 단 군것질은 키 성장에 방해됩니다. 성장호르몬을 잘 만들어 줄 수 있는 음식이 필요합니다. 단백질, 미네랄, 복합탄수화물, 비타민, 섬유질, 콜라겐을 고루 섭취해야 합니다. 부모님들께 아이가 학교생활에 잘 적응하게 도울 수 있는 꿀팁을 한 가지 알려드리겠습니다. 골고루 즐겁게 잘 먹는 연습을 시켜주세요. 즐거운 식사가 아이를 성장하게 합니다.

1학년 아이들과 함께 식사하면 밥이 어디로 들어가는지 정말 알 수 없습니다. 급식실이 떠나갈까 두렵습니다. 식판도 자주 엎습니다. 편식도 심합니다. 편식도 전염이 됩니다. 이것도 저것도 먹기 싫다는 아이들이 여기저기서 속출합니다. 식판을 앞에 놓고 제사 지내는 아이들도 많습니다.

먹어보려고 노력하다 토하는 아이들도 있습니다. 편식 습관은 잘 고쳐지지 않아요. 입학하기 전에 음식을 골고루 먹는 습관을 들였다면, 학교에 잘 적응할 확률이 매우 높습니다. 적어도 가장 즐거운 점심시간에 선생님 칭찬은 따놓은 셈이니까요. 급식 지도를 하는 담임선생님들도 지쳐 있는 상태입니다. 1학년 담임선생님은 출근하면 화장실도 가지 못하고 4시간을 꼬박 아이들과 함께합니다. 그리고 급식실로 향합니다. 이때쯤이면 입에서 단내가 날 정도로 모든 에너지가 바닥납니다. 그때 가장 고맙고 예쁜 아이들이 선생님도 편안하게 밥 먹을 시간을 허락해주는, 편식하지 않고 즐겁게 먹는 아이들입니다. 보기만 해도 에너지가 충전됩니다.

키가 크기 위한 다음 방법은 잘 자는 것입니다. 성장판은 밤에 활동합니다. 아이들이 활동하고 움직이는 시간에는 중력과 몸무게가 성장판을 압박하기 때문에, 깊은 휴식을 취하는 때에 비로소 맡은 바 소임을 다할 수 있게 됩니다. 성장판이 제대로 일하기 위해서는 성장호르몬의 도움도 받아야 하기 때문입니다. 성장호르몬은 주로 밤 10시에서 새벽 2시 사이에 나옵니다. 성장호르몬은 성장판의 칼슘 흡수를 돕고, 근육을 만드는 아미노산의 흡수력도 높여줍니다. 그러니 제대로 크려면 잠을 잘 자야겠죠. 오래 자는 것이 아니라 제시간에 깊이 자는 것이 중요합니다.

키 크기 프로젝트 피라미드의 맨 꼭대기에 운동이 있습니다. 잘 먹고 잘 자는 것과 더불어 꼭 필요한 것입니다. 잘 먹고 잘 자는 것이 받쳐주지 않으면 의미가 없습니다. 숙면하고 적당한 운동을 하면 성장호르몬이 활발히 분비되고 성장판도 튼튼해집니다. 운동 후 10분 뒤부터 분비된 성장호르몬은 1시간까지 나옵니다. 특히 운동은 성장억제호르몬인 소마토스타틴(Somatostatin)의 생성을 막아줍니다. 그러나 너무 오랫동안 무리해서 운동하면 오히려 성장에 방해가 됩니다. 운동하는 데 모든 에너지를 쏟아부어 키를 키우는 데에 쓸 에너지가 남아 있지 않게 되니까요.

그러면 어떤 운동을 해야 키 크는 데 도움이 될까요? 성장판을 자극하는 운동을 해야 합니다. 모든 운동은 어느 정도 성장판을 자극하므로 성장에 도움이 됩니다. 그런데 키

크는 것을 목표로 운동한다면, 성장판을 효율적으로 자극해주는 운동을 선택해서 꾸준히 그리고 즐겁게 하면 더 좋은 결과를 얻을 수 있습니다.

무리하지 않은 적절한 강도의 운동을 위해서 운동 전 스트레칭 위주의 준비운동을 합니다. 스트레칭은 성장판을 직접적으로 자극하므로 키 성장에 도움이 됩니다. 성장판은 팔과 다리뼈에서 길이 성장이 일어나는 부분으로 뼈의 양 끝에 있습니다. 전신의 관절이 있는 연골 부위를 말하지요. 스트레칭을 하면 관절 마디마디를 풀어주고 자극하게 됩니다. 그래서 성장판이 닫히기 전에 스트레칭을 매일 꾸준하게 해주어야 합니다. 효과가 오래가지 않기 때문입니다. 기상 후나 취침 전에도 가벼운 스트레칭을 하면 좋습니다. 운동하기 어려운 겨울이나 비가 오는 날에도 실내에서 꾸준히 스트레칭을 하면 됩니다.

10분 정도 스트레칭을 하면 유산소 운동을 시작합니다. 체중이 많이 나가는 아이들에게는 수영이 좋습니다. 육중한 몸으로 쿵쿵 뛰면 관절에 무리가 되므로 오히려 성장에 방해됩니다. 성장판이 있는 연골 부위가 찢어지거나 파괴되기도 하니까요. 비만아인 경우 자전거 타기 등으로 체중을 좀 줄이고 뛰는 운동을 하면 좋습니다. 비만은 성조숙증과도 관련이 높으므로 적정 체중을 유지하는 것이 중요합니다. 비만과 성조숙증은 키 성장을 방해합니다.

줄넘기, 달리기, 걷기 등 성장판을 자극하는 유산소 운동이 키 성장에 도움이 됩니다. 점프 동작을 많이 하는 농구, 탁구, 배구, 축구도 좋습니다. 상하로 뛰면서 성장판을 자극하게 되므로 키가 커집니다. 유산소 운동을 하면 혈액순환도 원활해져 온몸 구석구석 충분한 영양을 공급하고 성장호르몬의 농도도 높일 수 있게 됩니다.

유산소 운동과 함께 근력 운동도 함께 해주는 것이 좋습니다. 근력 운동을 하면서 여러 근육을 사용하면 뼈 성장에 도움이 됩니다. 뼈를 강화하면 골밀도가 증가하고 뼈끝에 있는 성장판도 튼튼해지기 때문입니다. 스쿼트도 좋고 철봉 매달리기도 좋습니다.

중요한 건 운동을 꾸준히 하는 것입니다. 운동을 즐겁게 느끼고 매일 스스로 할 수 있도록 평생 운동 습관을 만들어주는 것입니다. '세 살 버릇 여든 간다'는 말이 운동에도 통합니다. 어릴 때 운동 습관을 만들어주어야 합니다.

우리 아이는 잘 먹고, 잘 자고, 운동도 하는데 키가 잘 크지 않는다는 생각이 드시나요? 그러면 정서적인 문제 때문은 아닌지 점검해보셔야 합니다. 아이가 스트레스를 받고 있지는 않은지 살펴보세요. 여유 없는 양육 태도, 밀어붙이는 스파르타식 교육은 아이에게 과도한 스트레스를 유발합니다. 또는 잦은 부부 싸움, 방임 등 정서적 학대를 하고 있지는 않은지, 기분 내키는 대로 소리를 지르거나 꽉꽉 신경질을 내며 아이를 키우고 있지는 않은지 반성해보셔야 합니다.

스트레스는 만병의 근원입니다. 어른들도 스트레스 때문에 병이 나는데, 아이들은 오죽하겠습니까? 절대 아이들 앞에서 싸우지 마세요. 부모님이 싸우고 불행하고 마음 아파할 때, 아이들은 극심한 스트레스를 받습니다. 아이에게 부모는 온 세상입니다. 아이는 사랑을 먹고 자랍니다. 행복한 가정을 만들어주세요.

스트레스를 받으면 분비되는 호르몬이 있습니다. 코르티솔(Cortisol)이라는 호르몬입니다. 코르티솔은 염증이나 알레르기를 일으키며, 성장호르몬의 분비를 방해합니다. 스트레스가 심하면 혈중 성장호르몬의 양이 1/3로 줄어듭니다. 면역력도 떨어집니다. 울면서 잠들면 키가 안 크겠지요? 우리 아이들이 행복한 마음으로 잠들 수 있게 해주세요.

키가 작은 아이에게 "키 안 커서 큰일이네"라고 말하지 마세요. 그것도 스트레스가 됩니다. 성장판이 닫힌 후에도 1~2년 정도 더 클 수 있습니다. 포기하지 않고 매일 운동하면 클 수 있습니다. 그리고 키가 작아도 작은 대로 적응하며 살아가기 마련입니다. 부모님의 마음에 여유가 있어야 아이들이 행복합니다. 키는 중요하긴 하지만 전부는 아닙니다. 살아보니 인생은 신장이 아니라 심장으로 사는 게 맞습니다.

° 방학 운동

아이들의 표정이 가장 밝은 날은
방학하는 날입니다. 손꼽아 기다리던 날이니까요. 방학 일
주일 전에는 어김없이 방학계획서도 짭니다. 동그란 시계
모양 원을 쪼개 꿈나라도 표시합니다. 아침부터 나름 일정
이 빡빡합니다.

아이들의 방학 스케줄을 점검할 때 언제나 아쉬운 점이
있습니다. 휴식하기, 간식 먹기, 게임하기 칸은 있어도, 운
동하기 칸을 나누는 학생은 생각보다 많지 않다는 점입니
다. 그래서 운동하는 시간을 계획에 넣은 학생이 있으면 모

든 반 친구가 듣도록 칭찬해줍니다. 그러면 여기저기서 지우개 찾는 소리가 들립니다. 저는 혼자 미소 지으며, 아이들이 방학 동안 꾸준히 운동하기를 소망합니다.

그런데 이렇게 열심히 그린 매일의 스케줄을 지키는 아이들이 얼마나 될까요? 저의 어린 시절을 떠올려보아도 3일 하면 많이 한 것입니다. 작심삼일로 끝나는 것이 정상이라고 생각합니다. 아이들도 그럴 것 같아서, 포기하지 않고 계속해서 노력하는 마음이 중요하다고 일러둡니다.

아이들의 계획이 작심삼일로 끝나는 이유는 잠드는 시간에 있습니다. 기상 시간이 문제가 아닙니다. 흔히 늦게 일어나서 하루를 망쳤다고 생각하기 쉽지만, 비밀은 취침 시간에 있습니다. 잘 일어나기 위해서는 잠드는 시간이 일정해야 합니다. 그래야 제시간에 일어날 수 있고 계획표대로 생활할 수 있는 에너지가 충전됩니다. 방학은 밀린 잠을 보충하라고 있는 시간이 아닙니다. 전날 늦게 자면 일찍 일어나라고 해봐야 소용이 없습니다. 잠드는 시간을 일정하게 하는 것만으로도 방학을 의미 있게 보낼 수 있습니다.

개학 날 유난히 얼굴이 밝고 의젓하며 자신감 넘쳐 보이는 아이들이 있습니다. 키가 훌쩍 자란 만큼 마음도 자랐다는 게 느껴집니다. 개학 첫날 졸거나 몸을 비비 꼬고 있는 아이들과는 사뭇 다른 모습을 보여줍니다. 이런 아이들이 반에 한두 명 정도 있습니다. 그러면 물어보고 싶어집니다. 급식 시간에 그 아이 앞에 앉아 "방학 즐겁게 보냈니? 방학 전과 다르게 느껴지는데, 방학 때 뭐 했니?"라고 물어봅니다. 그러면 수영을 배웠다는 아이도 있고, 매일 줄넘기했다는 아이도 있습니다. 종목은 다르지만, 운동했다는 대답이 돌아옵니다. 그 운동의 공통점은 '매일'에 있습니다. 방학 내내 꾸준히 운동한 것입니다.

방학을 의미 있게 보내는 방법 중에 운동만큼 좋은 건 없습니다. 여름방학 때 수영을 배우면 평생 쓸 수 있는 운동 기능이 생기는 것입니다. 키도 크고 건강한 몸을 유지할 수 있습니다. 꼭 수영이 아니더라도 아이들이 운동을 하며 가족과 함께 즐거운 방학을 보낼 수 있는 방법에 대해서 이야기하려고 합니다.

먼저 방학에 대한 큰 그림을 그려보기를 추천합니다. 방학이 시작된 후에 '방학인데 무엇을 할까?' 하는 고민을 시작하면, 이미 일주일은 흐지부지 흘러갑니다. 방학의 1/4을 무의미하게 보내버리는 거죠. 큰 그림을 그린다는 것은 장기적인 맥락에서 방학에 대해 생각해보는 것입니다.

초등학교에 입학하면 졸업식까지 열두 번의 방학이 찾아옵니다. 여름방학 여섯 번, 겨울방학 여섯 번입니다. 학년으로 나눠보면 1~2학년에 네 번, 3~4학년에 네 번, 5~6학년에 네 번입니다. '방학을 슬기롭게 보내면 아이에게 어떤 점이 좋을까?' 혹은 '열두 번의 방학, 약 420일을 어떻게 보내는 것이 좋을까?' 등을 생각해보세요.

'초등학교 1학년, 첫 방학부터 새로운 것에 도전하며 방학을 보낸다면 졸업할 때쯤 아이는 열두 번의 새로운 경험을 할 수 있겠구나', '계획을 잘 세워 성실하게 보내면 아이가 폭발적으로 성장할 수 있는 시간이 되겠구나'를 생각하며, 방학을 선물 같은 특별한 시간으로 생각하는 것이 중요합니다. 아이와 대화하면서 함께 머리를 맞댄다면, 중학교 방학도 고등학교 방학도 그리고 그 이후의 방학이나 휴가 등도 아이는 의미 있게 쓸 수 있게 됩니다.

이렇게 생각이 바뀌면 방학이 시작되기 한 달 전부터 소중한 시간을 어떻게 보낼지 기대하게 되고 설레기 시작합니다. 그리고 계획을 세우게 됩니다. 방학에 대한 큰 그림을 그릴 때 가장 좋은 자리를 운동이 차지하면 좋겠지요. 몸도 튼튼해지고, 마음도 튼튼해지고, 뇌도 튼튼해져 공부에도 도움이 되니까요.

목적지가 없는 배에는 어떤 바람도 의미가 없습니다. 역풍도 순풍도 없습니다. 방학 운동도 그렇습니다. 정해진 기한 내에 목표마저 없으면 시간은 소리 소문 없이 흩어지기 십상입니다. 그러면 방학 운동의 목표는 무엇일까요? 학기 중 운동과는 어떤 차별성을 가져야 할까요? 무엇을 목표로 방학에 운동을 시작하면 좋을지를 먼저 생각해보세요. 아이마다 가정마다 처한 환경이 다르니, 어떤 목표도 좋습니다. 그 목표에 맞게 운동을 선택하고 방학 동안 꾸준하게 실천한다면 백 점짜리 방학 운동입니다. 만약 잘 떠오르지 않는다면 저와 함께 아이의 방학 운동에 대해서 생각하며 그림을 완성하시면 됩니다.

제가 생각하는 방학 운동의 목표는 '자기 주도적 운동력'을 키우는 것입니다. 자기 주도적 학습이라는 말은 많이 들어보셨을 겁니다. 아이 스스로 목표를 설정하고 문제를 해결해나가는 힘을 키워가는 공부법이지요. 학교나 학원에서 공부하는 궁극적 이유는 결국 자기 주도적 학습력을 기르는 데 있습니다. 자기 주도적 운동력도 같은 맥락에서 이해할 수 있습니다. 즉, 자신의 건강과 체력을 알고 향상하기 위한 계획을 세워서 꾸준히 운동을 실천하는 힘을 의미합니다.

그런데 자기 주도적 학습력보다 더 중요한 것이 자기 주도적 운동력입니다. 우리 몸은 학교를 졸업해 성인이 되고 죽을 때까지 나와 함께할 내 모든 것이니까요. 그 몸을 위해 우리는 스스로 계획하고 운동하는 삶을 살아내야 합니다. 자기 주도적 운동력은 결국 삶을 독립적으로 살아가고 진정한 홀로서기를 하기 위한 인생 체력과 근력을 키워나가는 과정입니다.

그래서 초등학교 방학 운동은 저학년, 중학년, 고학년의 모습이 다를 수 있습니다. 저학년(1~2학년)은 운동에 관심을 가지고 기초를 다지는 과정입니다. 첫 단추가 중요합니다. 스스로 일상생활 중 신체활동에 관심을 가지고, 운동을 계획하고 시간을 내서 꾸준하게 실천할 수 있어야 합니다. 아이와 함께 스스로 할 수 있는 운동 계획을 세워보세요. '매일 5분씩 줄넘기하기' 등으로 계획을 세우고 실제로 실천하는 것이 중요합니다. 운동 습관을 만들어주는 것이죠. 작심삼일로 끝나지 않도록 운동하고 오면 가족 모두가 칭찬해주세요. 온 가족이 함께 운동하면 더욱 좋겠지요. 상대적으로 시간 여유가 많을 때, 되도록 오전 시간을 활용해서 실천하기를 추천합니다. 매일 적은 시간을 들여서 성취감을 줄 수 있는 활동을 오전에 배치하면 좋습니다.

일상생활에서 신체활동량을 늘려갈 방법도 고민해보세요. 계단 오르기, 방 청소하기 등 생활 속에서 움직임을 늘려가는 방법을 계획하고 실천할 수 있습니다. 일상생활에서 신체활동량을 늘려가는 차원에서 가정에 도움이 되는 역할분담 활동 등도 정해줄 수 있습니다. 애완견 밥 주기, 재활용 분리수거하기, 마트 심부름하기, 빨래 정리하기 등 아이가 할 수 있는 활동들을 배정해주세요. 만약 방학에도 태권도 도장에 다니고 있다면 주말 운동과 학원 방학 기간에 할 운동 계획을 세우면 됩니다.

중학년(3~4학년) 방학 운동의 목표는 운동 기술과 기능을 배우는 데 중점을 두는 것이 좋습니다. 아이 인생의 첫 스포츠를 만나는 시기입니다. 방학이 시작되기 전, 관심 있는 종목들의 실제 경기를 보고 탐색해보면 좋습니다. 스포츠의 매력을 간접적으로 체험하고 무엇이 배우기 적합한지 따져보는 시간입니다. 배우기 쉬운지, 자신의 체격에 적당한지, 장소나 위치가 적절한지 등을 고려하여 종목을 정할 수 있습니다.

중학년 첫 종목으로 여름에는 수영을, 겨울에는 탁구를 권합니다. 3학년부터 체육 교과에 생존수영이 등장하기도 하고, 수영은 배워두면 자신의 생명을 보호하는 데 도움이 되는 종목이니까요. 또한 탁구는 라켓이 가볍고 게임도 즐길 수 있어서 흥미를 느끼며 운동 기능을 숙달하기에 좋습니다.

이 외에 아이가 흥미를 보이는 어떤 종목도 좋습니다. 배드민턴도 좋고 발레도 좋습니다. 누구나 새로운 종목을 배울 때는 부담을 느낍니다. 그럴 때 학기 중에 배우는 것보다 방학을 활용하여 접하면 심리적으로 안정감이 생깁니다. 그래야 학기가 시작되고 나서도 꾸준히 참여할 수 있게 됩니다.

고학년(5~6학년) 방학 운동의 목표는 체험의 통합과 확장에 있습니다. 체육 교과서 나오는 다양한 활동 중에서 학기 중 학교에서 체험하기 어려웠던 종목들을 경험해보는 것입니다. 가족 휴가와 함께 연계하여 체험 계획을 세우고 실천할 수 있겠죠. 체육박물관에도 가보고, 스포츠 영화를 보고, 스포츠 인물에 대한 자서전도 읽어봅니다. 가족 여름 휴가와 함께 체험할 수 있는 해양 스포츠도 찾아봅니다. 서핑, 요트, 스쿠버다이빙 등이 있겠네요. 겨울에는 스노보드, 스키나 스케이트, 승마 체험 등에 도전해볼 수 있습니다. 자신이 접할 수 있는 스포츠들의 깊이와 폭을 넓혀가

초등 추천 운동*

학년	추천 운동	운동 목적
1~2학년	맨손체조, 달리기, 스트레칭, 줄넘기, 발레, 댄스, 투기 종목(태권도, 검도 등)	기본 운동 습관 들이기
3~4학년	수영, 탁구, 야구, 배드민턴, 스태킹(컵 쌓기)	운동 기능 숙달
5~6학년	농구, 축구, 테니스, 승마, 각종 계절 스포츠(스키, 서핑 등)	다양한 스포츠 종목 체험

---

* 운동 선택은 아이의 성별과 성향에 따라 얼마든지 달라질 수 있습니다. 아이가 원하는 다양한 운동 경험을 할 수 있도록 도와주시면 됩니다.

며, 삶과 스포츠를 통합적으로 생각하고 체험의 방식도 다양화하는 것이 중요합니다. 예시로 든 모든 종목을 경험하는 것에 초점을 맞추면 힘들 수 있습니다. 상황에 맞춰 적절하게 선택하면 됩니다.

이렇게 장기적인 맥락에서 방학 계획을 세우고 운동을 실천하다 보면 자연스럽게 매년 방학을 알차게 보낼 수 있게 됩니다. 방학은 일상을 더 단단하게 살아가기 위한 토대를 만드는 과정입니다. 방학 체험이 학기 중으로 자연스럽게 연결될 수 있는 징검다리의 역할을 운동이 해줍니다. 계획도 연습이고, 운동도 연습입니다. 스스로 계획하고 꾸준히 실천하면서, 아이들이 성장할 수 있는 기회를 장기적인 안목에서 만들어가는 것이 중요하다는 사실을 잊지 마세요.

° 제로 운동 이야기

제가 아이들에게 자주 듣는 질문이 하나 있습니다. "선생님, 이거 꼭 해야 할까요?"입니다. 때로는 질문에 대답을 하는 것보다 아이가 지금 무슨 생각을 하고 있는지 알아차리는 것이 중요합니다. 질문 속에 숨겨진 의도를 파악해야 해답을 찾을 수 있기 때문이죠. 사실 그 아이도 이미 답을 알고 있습니다. 그래도 용기 내서 질문을 한다는 것은, 매우 정중한 형태로 "이거 진짜 하기 싫어요"를 말하고 있는 것입니다.

"운동을 꼭 해야 할까요?"라는 물음도 마찬가지입니다. 대답을 구하는 질문은 아닌 듯합니다. 이렇게 묻는 사람의 속내를 제가 한번 맞춰보겠습니다. "운동을 해야 한다는 걸 알아요. 그런데 안 하면 안 될까요?" 내지는 "운동이 좋다는 것은 알고 있어요. 그런데 저는 운동할 여유가 없어요"라고 들리는 것은 저만의 착각일까요? 즉 "운동을 꼭 해야 할까요?"라는 말은 "운동하기 너무 힘들어요. 하기 싫어요"라는 의미로 해석해야 맞을 듯합니다. 그렇게 우리는 운동을 하지 못하는 이유를 설명하기도 하고 운동을 외면할 핑곗거리를 찾기도 합니다.

"운동할 몸이 아니에요."

"운동할 시간이 없어요."

"운동할 돈이 없어요."

"운동할 친구가 없어요."

정말로 운동할 몸이 아니라면, 시간이 없다면, 돈이 없다면, 친구가 없다면, 운동을 하지 않아도 될까요? 세상에 태어난 이상 우리는 살아가야 합니다. 공부 머리가 없어도 공부해야 하고, 시간을 쪼개 가족을 돌봐야 할 때도 있습니다. 돈이 없을수록 미래를 위해 저금해야 하고, 친구가 없는 외로움도 잘 견뎌내야 인생이 풍요로워집니다.

"운동을 꼭 해야 할까요?"라는 물음에 정해진 대답은 한 가지뿐입니다. 해야겠지요. 그런데, 너무 어렵게, 고단하게 하는 운동이 아니면 좋겠습니다. 가벼운 마음, 여유로운 마음으로 시작하는 운동이라면 어떨까요? 이것이 바로 제로 운동입니다. 제로 운동. 말만 들어도 가볍지 않나요? 숨만 쉬어도 운동이 될 것 같습니다. 맞습니다. 호흡을 제대로 하는 것도 운동입니다. 운동은 숙제가 아니라 놀이입니다.

우리가 그동안 운동을 부담스러워했던 이유는 머릿속에 나름대로 백 점짜리 운동을 그려놓고 있었기 때문입니다. 장비를 사야 하고, 돈을 들여야 하고, 시간을 내야 하고, 레슨을 받아야 하고, 파트너가 있어야 하고 등등, 운동이라는 것을 머릿속으로 그려볼 때 빽빽하게 무엇인가를 그득 채워놓았습니다. 이러면 시작도 하기 전에 질려버립니다.

그런데 모든 것을 지우고 내려놓고 제로를 받아들인 후 시작하면 언제, 어디서나 가벼운 마음으로 운동할 수 있습니다. 제로 운동은 그 모양(0)처럼 시작하면 동글동글 잘 굴러갑니다. 지금부터 제로 운동을 시작할 수 있는 비결을 알려드릴게요.

제로 운동을 시작하려면 거창한 이유 없이 시작해야 합니다. 시작이 전부임을 깨달아야 합니다. 거창한 그리고 원대한 목표를 잡으면 자신을 책망할 확률이 높아집니다. '나는 운동을 열심히 해서 보디빌딩 대회에 나갈 것이다', '나는 운동으로 두 달 안에 체중을 10킬로그램 감량할 것이다', '새벽 수영을 등록해서 접영까지 올해 안에 마스터할 것이다' 등의 목표가 그렇습니다. 무리한 목표를 세우고 며칠 시도하다가 포기하게 되면, 자신에 대한 실망과 책망이 시작됩니다.

제로 운동은 그저 이유 없이 몸을 움직여보는 데 초점을 두는 운동법입니다. 아무런 이유 없이, 즉 이유도 목적도 제로인 상태에서 그저 움직이는 행위를 시작해보는 것입니다. 체중을 감량하기 위해 하는 운동들은 너무나 괴롭고 고통스럽습니다. 새벽 운동은 아침에 일찍 일어나는 습관이 선행되지 않으면 지켜지기 어렵습니다.

가볍게 시작해야 마음이 즐거울 수 있습니다. '날씨가 좋은데 산책이나 해볼까?'와 같이요. 날씨 좋은 날 가벼운 산책이 주는 즐거움을 또 느끼고 싶어서 '오늘도 점심 식사 후 산책이나 해볼까?' 이렇게 마음을 먹었다면 스스로 칭찬해주세요. '전혀 움직이지 않던 내가 오늘 산책할 생각을 했다니 기특하군.' 이런 소소한 성취감들이 우리를 즐거운 마음으로 움직이게 만듭니다.

큰 목표는 이루면 좋겠지만, 중간에 좌절할 확률이 높습니다. 큰 목표는 소소한 성취감들이 쌓이고 난 다음에 세워도 늦지 않습니다. 엘리베이터를 기다리며 스쿼트를 한두 번 해보거나, 마트 심부름하러 갈 때 빠른 걸음으로 움직여보는 등 가벼운 마음으로 시작해보는 것입니다. 생각, 이유, 목적, 목표 없이 일단 움직여보는 것입니다. 마음과 머릿속을 제로로 만들어두는 것이지요. 그렇게 움직여보고 가벼움과 즐거움을 느껴보는 것입니다. 가볍고 즐거워야 또 움직이고 싶어집니다. 너무나 좋은 친구인데, 만나기 부담스러우면 멀어지기 마련입니다. 언제든 가볍게 만날 수 있고 만남 자체가 즐거운 친구를 만나듯이, 그렇게 움직여보는 것. 그것이 제로 운동입니다.

제로 운동을 시작하려면 남과 비교하지 않고 자신을 너그럽게 받아들여야 합니다. 남들보다 체격이나 체력적으로 부족할 수 있습니다. 연습해도 실력이 늘지 않을 수도 있습니다. 괜찮습니다. 남들보다 늦은 나이에 시작해도 괜찮습니다. 살다 보면 움직이지 않아 살이 찔 수도 있습니다. 그 어떤 상황에서도 자책하지 않아야 합니다. 자책과 실망의 끝은 자포자기입니다. 몰아붙이지 마세요. 컨디션이 좋지 않으면 쉬어야 합니다. 무리해서 꾸역꾸역 참고 버티며 하는 운동은 추천하지 않습니다.

먼저 자기 자신을 아끼고 너그럽게 받아줘야 합니다. 채근하고 다그치면 피하고만 싶어지는 게 사람의 정상적인 반응입니다. 제로 운동의 핵심은 여유와 너그러움입니다. 매일 하면 너무 좋지만, 그렇지 못하더라도 그것에 만족하는 마음입니다. 1분을 하더라도 '고작 1분이네'가 아니라 '전혀 못 할 수도 있었는데 60초를 해냈구나!' 이렇게 너그럽게 자신을 받아들여야 합니다. 제로 운동은 아무것도 하지 않는 게으름이 아닙니다. 여유롭게 그리고 너그럽게 자신의 지금을 제로로 인정하고 수용하겠다는 의미입니다.

제로 운동을 시작하려면 인생을 길게 보아야 합니다. 그리고 지금 내가 할 수 있는 것들에 집중해야 합니다. '난 운동할 시간이 없어', '난 운동을 배울 돈이 없어'와 같은 생각이 들 수도 있습니다. 그런데 길게 보면 언제까지나 지금처럼 살지는 않을 것입니다. 사실 그럴 수도 없는 일이죠. '나는 당장 하루에 한두 시간 정도 내서 운동할 여유가 없어'라고 일단 인정합니다. 그리고 지금에 집중합니다. '그런데 지금도 하루에 3분은 맨손체조를 할 수 있겠는데?'라고 생각합니다. 그리고 하루에 3분 줄넘기를 해도 좋고, 5분 산책을 해도 좋습니다. 자신이 지금 할 수 있는 운동을 합니다.

매일 3분을 꾸준히 움직이다 보면 자연스럽게 운동할 시간을 찾아 마련하게 됩니다. 매일 한두 시간을 낼 수는 없지만, 지금 할 수 있는 1~2분에 집중하면 됩니다. 그리고 '나는 100세까지 천천히, 많이, 여러 운동을 즐기며 살 수 있다'고 장기적인 안목에서 운동 계획을 세워보는 것입니다.

인생을 길게 보고 장기적인 계획을 세우다 보면 운동 통장도 마련하게 됩니다. 운동을 위해 쓸 돈을 모으게 되지요. 지금 당장은 레슨을 받거나 운동 장비를 살 수 없지만,

몇 달이나 몇 년 뒤에 돈이 모이면 할 수 있게 됩니다. '그런데 지금도 줄넘기는 살 돈이 있네. 그럼 줄넘기부터 시작해 보자'라고 생각하고 실천하면 됩니다. 제로 운동을 시작하려면 '지금'에 집중해야 합니다. 장기적 안목을 가지고 지금에 집중해야 합니다. 지금 할 수 있는 것에 집중하며 미래를 위한 계획을 세우는 것입니다.

'골프를 배우고 싶은데 돈이 없네!' 하고 돈이 없는 것에 집중하는 순간 불행해집니다. 운동은 불행해지려고 하는 것이 아닙니다. 어떤 방법을 통해서든 움직이기만 하면 됩니다. 제로 운동은 지금 나의 부족한 상태를 받아들이고 할 수 있는 작은 일부터 시작하는 것입니다. 그리고 지금의 이 제로가 영원한 제로가 아님을 믿고 노력하는 것입니다. 노력하고 계획을 세워 실천하다 보면 방법도 생기기 마련입니다.

결국 제로 운동은 운동을 쉽고 만만하게 생각함을 의미합니다. 너무 힘들고 거장하고 대단하게 생각하지 않는 것입니다. 시작이 어려울 뿐, 시작만 하면 누구든 즐겁게 할 수 있는 게 운동임을 깨달아야 합니다. 지금 여기에서 내가 할 수 있는 움직임에 집중해보는 것이죠. 복잡하게 생각할 이유가 전혀 없습니다. 움직이다 보면 길이 보입니다.

큰 기대 없이 움직여보세요. 언젠가 돈을 벌면 운동해야지, 언젠가 시간 여유가 생기면 운동해야지, 이렇게 생각하면 평생 생각만 하다 죽음을 맞이하게 될 뿐입니다. 언젠가는 영원히 오지 않습니다. 그러나 우리에겐 지금이 있습니다. 지금 움직이면 건강해집니다. 병원비로 나갈 돈을 버는 셈입니다. 활력적인 사람이 돈도 더 잘 벌 수 있습니다. 지금 운동하면 바쁜 와중에도 여유를 찾을 수 있습니다.

이유 없이 그저 좋은 것, 저는 그것이 사랑이라고 합니다. 제로 운동도 그렇습니다. 움직이는 것 그 자체를 좋아하는 것입니다. 그렇게 운동을 사랑할 수 있는 구체적인 전략과 방법들에 대해서 궁금하시다면, 다음 장에 그 해답이 있습니다.

스트레스 제로 운동의 비결

첫 시작이 부담스럽거나 두렵지 않아야 합니다.
마음이 가벼울 때, 운동과 평생 친구로 지낼 수 있는
'스트레스 제로 운동' 전략을 세울 수 있습니다.

운동 시간 관리법

초보 운전 시절을 기억하시나요? 운전을 하기 위해 김 여사 복장까지는 아니더라도 나름의 루틴이 필요한 시절이 저에게도 있었습니다. 가장 편안한 신발을 신은 뒤, 차에 타서 미러라는 미러는 쉴 새 없이 살핍니다. 룸미러도 보고, 백미러도 보고, 깜빡이도 켜고, 신호도 봐야 하고, 바짝 붙는 뒤차도 어지간히 신경 쓰입니다. 그런데 초보 시절을 벗어나면 운전하며 틈틈이 화장도 하고 통화도 합니다. 상당히 복잡한 활동이 습관이 되면 뇌는 더 이상 피곤하지 않습니다. 습관은 뇌를 효율적으로 쓰는 가장 좋은 방법입니다.

운동 시간 관리도 그렇습니다. 습관적으로 운동할 시간을 만들어내야 합니다. 이유나 핑계를 댈 수 없도록 하는 것이 중요합니다. 파란불이 들어오면 자동으로 출발하듯이 만들어버리는 것입니다. 어떻게 하면 신호가 바뀌어 파란불에 가볍게 액셀을 밟는 것처럼 운동을 시작할 수 있을까요? 그러려면 운동이 가벼워야 합니다. 운동이라는 것을 떠올릴 때 마음이 즐겁고 가벼워야 합니다.

운동을 안 하거나 못 하는 가장 흔한 이유는 '운동할 시간이 없어서'입니다. 변명일 수도 있고, 사실일 수도 있습니다. 운동이라는 단어를 떠올릴 때 머릿속에 그려지는 이미지가 거창할수록 그렇습니다. '운동'이라고 하면 숨을 헐떡거리며 땀을 비 오듯 흘리는 장면이 생각나시나요? 운동을 거창하게 생각하면 그렇습니다. 그렇게 하려면 한 허리 베어 시간을 내야만 하기 때문에 운동이 부담스러워집니다.

운동을 이제 막 시작하려고 하는 사람이 시간을 통으로 내놓기는 쉽지 않습니다. 사랑도 우정도 아닌 긴가민가한 관계에 돈과 시간을 통으로 투자하기 망설여지는 것과 같

3장. 스트레스 제로 운동의 비결

은 이치입니다. 올인은 감이 왔을 때 하는 것입니다. 그전에는 일단 간을 봐야 합니다. 그런데 간 보는 일이 부담스러우면 시작도 없습니다. 시작이 없으니 끝도 없겠지요.

어떤 일이 쉽고 가벼울 때, 우리는 그것을 하지 않을 이유를 생각해내거나 핑계를 대지 않습니다. 운동도 그렇습니다. 주말 하루 잡아 산에 오르는 것은 너무나 부담스럽습니다. 그런데 5분 산책으로 바꾸면 어떨까요? 5분 산책도 운동입니다. 양치질할 때 스쿼트를 하는 것도 운동입니다. 계단을 오르는 것도 운동입니다. 신호등에 파란불 켜지기를 기다리며 가볍게 뜀뛰기를 하는 것도 운동입니다. 운동 초짜에게 자전거를 땀날 때까지 탄다는 것은 부담스러운 일입니다. 숨을 헐떡일 때까지 달리는 것은 고통일 뿐입니다. 시작부터 이런 운동을 하라는 것은 초보 운전자에게 전화 통화하면서 운전하라는 것과 같지 않을까요?

'운동할 시간이 없다'는 말의 의미는 '운동할 시간을 만들기 부담스럽다'는 것으로 해석할 수 있습니다. 종종 SNS를 하거나 게임할 시간은 있지만, 운동복 갈아입고 시간 내서 운동하러 나가기는 부담스럽다는 표현일 것입니다. 운

습관화 전략 1. 운동 시간 관리법

동을 위해 쓸 한두 시간을 만드는 게 어렵다는 의미입니다.

사실 누구에게나 모든 일은 '시간을 만드는 것' 때문에 어렵습니다. 바쁜데 건강을 위해 집밥만 먹으라고 하는 조언처럼 부담스럽습니다. 미래를 위해 독서하고 자격증을 따라는 것처럼 힘겹습니다. 우리는 발등에 떨어진 불들을 끄며 먹고사니즘에 허덕이며 살아갑니다. '언제 장보고 요리하고 치우지?', '하루하루 살아내기도 바쁜데 언제 책을 사서 읽지?' 아무리 발버둥을 쳐도 솟아날 구멍이 보이지 않고, 이제 그 눈물겨운 노오력도 의미 없어 보입니다. "운동은 제게 사치입니다. 난 그럴 시간이 없다고요!"

그래요, 그럴 수 있어요. 중요한 건, 울고만 있다고 해결되는 것은 아무것도 없다는 사실입니다. 심지어 인생은 덧셈이 아니라 곱셈이니까요. 어떤 수에 0을 곱하면 언제나 0입니다. 아무리 좋은 기회가 찾아와도 자신이 0이면 언제나 제로 상태입니다. 1도 안 하는 사람에게는 그 어떤 기회도 소용없지요. 그래서 말씀드려봅니다. '1만 하자'라는 마음으로 가볍게 시작해보자고요. '월급날 하루 혹은 일주일에 한 끼만 집밥을 해서 먹어볼까?', '하루에 한 페이지만 책을 읽어볼까?' 하듯이 운동도 그렇게 가볍게 시작할 수 있습니다.

운동할 시간이 없다고 말하는 그대에게 당장 스마트폰을 손에서 내려놓고 운동하라고 하지 않겠습니다. 운동할 시간이 없다고 말하는 아이에게 당장 게임에서 로그아웃하라고 하지 않겠습니다. 운동하기 위해 덩어리 시간을 내지 마세요. 시간을 만드는 일부터가 부담이니까요. 시간을 만든다고 바로 운동을 시작할 수도 없습니다. 결국엔 미루게 되지요. 그러면 운동은 다시 '내일부터' 혹은 '다음 주부터'가 되고 맙니다. 우리는 이미 그렇게 숱한 시간을 흘려보냈습니다.

코로나19 사태가 장기화되면서 아이들이 학교나 학원이 아닌 집에 머물며 공부하는 시간이 늘어났습니다. 온라인으로 수업이 진행되면서 학습 시간도 짧아졌습니다. 뿐만 아니라 등교수업 일에 학생들의 책과 공책을 검사하면 절반 정도의 학생들은 수업을 듣지 않았다는 것을 알 수 있습니다. 들었다고 말하는 학생들도 영상만 틀어놓고 다른 일을 했던 티가 납니다. 학원도 바깥 놀이도 줄어든 상황입니다. 자기 전까지 스마트폰을 놓지 못하고 무엇인가를 보고 있습니다. 제 귀에는 도처에서 죽어가는 시간들의 비명이 들립니다.

이건 특수한 상황이라고 말씀하고 싶으신가요? 저는 이렇게 다시 한번 진지하게 묻고 싶습니다. "정말 운동할 시간이 없나요?" 등교일이 줄어들고 집합교육이 원활하지 않은 이 시기에 우리 아이들은 그 전보다는 시간적인 여유가 많아졌습니다. 시간적인 여유는 늘었지만 운동할 시간은 없다고 이야기합니다.

그러면 시계를 돌려 코로나 이전 상황으로 돌아가 볼까요? 연필도 깎아오지 않고, 과제도 해오지 않는 학생들은 늘 있기 마련이지요. 한 달에 한 번 정도 확인하는 독서기록장도 언제나 텅 비어 있습니다. 학생의 본분을 다하지 않는 아이들은 대개 습관적으로 게임을 합니다. "왜 시간이 없었을까? 무슨 일이 있었니?"라고 물어보면 "학원 다니느라 시간이 없었어요"라고 말하는 경우는 가뭄에 콩 나듯합니다. 꼭지를 잠그지 않는 수도꼭지에서 나오는 물처럼 시간이 새고 있는 경우가 다반사라는 말입니다. 더 큰 문제는 연필을 깎아야 하는 이유도 과제가 있었다는 사실도 잊는 경우가 더 많다는 점입니다. 사실 학원에 열심히 다니는 학생은 과제도 잘 해옵니다. 유능한 CEO들처럼 '시간이 없어서'라는 변명은 하지 않습니다.

그럼 어떻게 하냐고요? 운동할 덩어리 시간을 내지 말고, 운동할 결정적 순간을 잡으세요. 그 시간에 이름을 붙여서 순간 포착하면! 시간은 여러분의 편이 됩니다. 거창한 운동부터 시작할 필요는 없어요. '양치질하며 발뒤꿈치 10번 들기', '엘리베이터 기다릴 때 뜀뛰기나 스쿼트 5번 하기'처럼 짬짬이 운동할 수 있는 순간을 포착하고 이름을 붙여줍니다. 아이들의 경우도 별반 다르지 않습니다. '학원 차 기다리며 뜀뛰기 5회 하기', '급식 먹고 운동장 1바퀴 걷기'와 같이 일상 속에서 쉽게 할 수 있는 운동을 얼마든지 찾을 수 있습니다.

저는 처음 춤을 배우던 시절, '버스 타면 몸풀기'를 했습니다. 앞서 말했던 것처럼 버스에 타면 다른 사람들 몰래 근육을 푸는 연습을 하곤 했지요. 발끝, 무릎, 골반, 허리의 모든 근육을 순차적으로 무한대 모양으로 그리고 움직이면서 아무도 모르게 근육을 풀어두었습니다. 흔들리는 차 안에서 앉아서 갈 수 없다면 워밍업을 해두는 것입니다. 그래서 지금도 버스나 지하철을 타게 되면 아무도 모르는 나만의 운동을 즐깁니다. 개그맨 유재석 씨는 늘 샤워 전 푸시업을 한다고 합니다. 이것이 오래된 자신만의 습관이라고요. 그렇게 자신만의 '운동 순간'을 포착해나가는 겁니다. 운동할 자신만의 결정적 순간들을 만들어가는 것입니다. 운동할 순간들이 많아지면 운동이 가볍고 즐거워집니다.

순간을 붙잡기 위해 흘러가는 시간들에 이름을 붙여보세요. '나의 양치질 타임은 발끝 들기도 10번 하는 시간', '샤워 전 푸시업 10개'처럼 무수히 흘러가는 시간들에 나름의 의미와 차이를 부여해나가는 것입니다. 그렇게 순간 포착의 뿌듯함을 느끼는 시간을 조금씩 늘려가야 합니다. 뿌듯함은 감사함으로 이어집니다. 운동할 수 있는 지금 이 순간에 감사하게 됩니다.

그런 순간을 잘 만들어내는 사람은 시간 관리를 매우 유연하게 할 수 있습니다. 갑자기 빈 시간이 생기거나 돌발 상황이 발생했을 때, 자신만의 차이와 의미를 만드는 것이 어렵지 않습니다. 그래서 꾸준하게 운동 타이밍을 만들어갈 수 있습니다. 모든 것이 완벽하게 준비된 타이밍은 절대 그냥 오지 않습니다. 흘러가는 시간 속에서 순간을 포착하는 행위는 돈을 버는 것과 그 속성이 같습니다. 그래서 '타임 이즈 머니!'인가 봅니다.

만약 통장에 매일 86,400원이 입금된다면 어떻게 쓰고 싶나요? 86,400원으로 저금도 하고, 밥도 사 먹고, 책도 사보겠지요? 어떤 사람은 술값으로 탕진하기도 하겠지요. 그런데, 하루 24시간을 초로 환산하면 86,400초입니다. 잠자고, 먹고, 씻고, 일하고, 공부하는 데 쓰고 그래도 남는 시간이 있다면, 어떻게 하시겠어요? 스마트폰이나 게임에 몰빵하지 말고, 미래를 위해 좀 더 건전하게 시간 투자를 해야겠지요.

86,400초 중 400초만 줄넘기로 채워도 훌륭한 투자가 됩니다. 시간 분산투자를 하는 셈입니다. 장기투자도 중요합니다. 400원씩 1년을 모으면 146,000원이 됩니다. 10년을 모으면 1,460,000원이 됩니다. 이자까지 생각하면 10주년 기념으로 즐거운 여행도 계획할 수 있는 목돈이 됩니다. 나의 일당 중 하루 400원에 '여행자금'이라는 이름을 붙이고, 모으고 쌓으면서 의미와 차이를 부여했기 때문에 가능

한 일입니다. 그렇게 저금하는 습관을 들이는 겁니다. 돈을 모으는 목적을 세분화하고 분명히 하며 의미와 차이를 부여해나가는 것입니다. 그래서 종잣돈을 만들고, 투자를 계획하며 미래를 위한 큰 그림을 그려가는 것입니다.

시간도 마찬가지입니다. 아무리 바빠도 하루에 400초는 누구나 낼 수 있는 시간입니다. 그렇게 흘러가는 시간들에 이름을 붙이고 차이와 의미를 만들어가다 보면 '바빠서'라는 말은 사라지게 됩니다. 이것이 시간 관리의 기본입니다.

천 리 길도 한 걸음부터이고, 티끌 모아 태산입니다. 지금 나의 한 걸음이 어디를 향해 가는 첫걸음인지 생각하며 발을 내딛는 것이 중요합니다. 태산을 생각하지 않는 티끌은 쓰레기일 뿐입니다. 그렇다고 처음부터 완벽한 덩어리 시간을 생각하는 것은 '천 리를 언제 가지' 하며 미리 걱정하는 것과 같습니다. 천 리가 너무 멀어 아예 한 발도 꼼짝 못 하게 되는 경우가 허다합니다. 오늘 당장 할 수 있을 때 열 걸음씩만 걸어보자는 마음으로 내딛으세요.

어떤 마음을 먹느냐에 따라 운동할 시간은 언제든 만날 수 있으며, 동시에 한 번도 만나지 못할 수 있습니다. 시간이 얼마나 남아 있는지 우리는 알 수 없습니다. 언제까지 건강한 몸으로 매일 86,400초의 시간을 살아낼 수 있을지, 한 치 앞을 모르는 게 우리 인생입니다. 오늘 그리고 지금만 있을 뿐입니다. 오늘 운동할 순간을 잡고, 지금 당장 뿌듯함과 기쁨을 맛보세요. 그런 순간들에 마음껏 감사하세요. 감사하는 사람에게는 감사할 순간들이 더 많이 찾아옵니다.

매일 돈이 없다고 말하며 불평만 늘어놓는 사람은 절대 부자가 될 수 없다고 합니다. 매일 시간이 부족하다고 불평하면서 시간이 무한정 있는 사람처럼 게임과 인터넷 서핑으로 시간을 죽이고 있진 않나요? 내 손을 떠난 돈은 더 이상 내 돈이 아니듯이 흘러간 시간도 마찬가지입니다. 불평과 후회도 흘려보내세요. 오늘 다시, 지금 당장 우리는 좀 더 의미 있는 결정적 순간들을 만들어갈 수 있습니다. 시간을 든든한 내 편으로 만드세요.

결정적 순간들이 습관으로 자리 잡기 위해서는 한 가지가 더 필요합니다. 결정적 순간들이 즐거워야 합니다. 그래야 또 하고 싶어지고, 어떻게든지 구실과 이유를 만들어

그 일을 하려 합니다. 누군가를 만나는 것이 즐겁고 좋아야 또 보고 싶은 것과 같은 맥락입니다. 그리고 즐겁게 다가올 때 우리는 핑계를 대지 않습니다. 술꾼은 술 먹을 구실을 만들지, 술 먹지 않을 이유 따위는 생각하지 않습니다. 열심히 일한 후에 아무리 피곤하고 힘들어도 우리는 게임을 합니다. 어떤 행위가 가볍고 즐거워야 습관으로 자리 잡을 확률이 높습니다. 중독되는 모든 일이 사실 그렇습니다. 가볍고 즐거워서 계속하다 보니 습관이 되고, 중독이 되는 것입니다. 운동할 시간도 그렇게 만드는 것입니다. 오늘은 비가 와서, 오늘은 피곤해서라는 이유나 핑곗거리를 생각할 여지를 만들지 않는 것입니다. 비가 오나 눈이 오나 어떻게든 하고 싶어지려면 즐거워야 합니다.

아이들도 마찬가지입니다. 운동에 전혀 취미가 없는 우리 아이가 움직이려는 시도만 해도 칭찬해주세요. 만약 운동을 가르치는 코치나 강사, 혹은 교사가 이 글을 읽으신다면, 아이가 집에서 나와 운동할 장소로 온 것만으로도 일단 칭찬해주시면 됩니다. 부드럽고 매력적이며 유쾌한 순간들을 아이에게 만들어주는 것이 부모와 가르치는 사람들의 유일한 의무입니다.

어떻게 하면 지금 아이와 움직이는 이 시간이 즐거울 수 있을지를 고민해보세요. '아이와 걸을 때 무슨 말을 할까?' 장점을 보고 긍정을 이야기하고 희망에 관심을 두어야 합니다. 가르치고자 하는 열정이 높은 초보 스승님들은 종종 못 하는 점만 지적합니다. 하지만 운동을 시작하려는 사람에게 가장 필요한 것은 운동이 매력적인 것이구나, 하는 깨달음입니다. 그러면 시키지 않아도 아이 스스로 운동을 찾아서 할 수 있게 됩니다.

아이와 함께 운동 전과 운동 중, 그리고 운동 후 그 어떤 때라도 운동의 즐거움을 발견하고 찾아내는 연습을 해보세요. 운동하러 가는 발걸음이 가벼워지는 방안을 모색해보세요. 처음은 그렇습니다. 그렇게 운동을 자주 하다 보면 운동 자체의 매력에 푸욱 빠지게 됩니다. 그러면 시간이 재배열됩니다. 그 결정적 순간을 위해 시간이 재배열되는 마법도 경험하게 됩니다.

운동할 시간을 내기 위해 집중해서 일을 빠르게 처리합니다. 숙제도 미리미리 합니다. 하기 싫은 심부름도 그전에 끝내놓게 됩니다. 왜냐하면 너무나 하고 싶은 운동을 해야 하니까요. 마치 사랑할 때 사랑하는 사람을 기준으로 모든 관계가 정리되는 것처럼 그렇게 변해갑니다. 내 시간이 운동으로 자연스럽게 물들어갑니다. 이것이 바로 운동할 시간을 습관처럼 만드는 비결입니다.

습관화 전략 첫 번째, 운동할 결정적 순간을 즐겁게 만드는 비결! 매일의 일상생활에서 운동 스위치를 켤 수 있는 순간을 찾으세요. 운동 스위치를 자주 켤수록 운동은 습관으로 자리 잡게 됩니다. 기억하세요. 스위치를 켜는 순간, 자신을 또는 아이를 충분히 칭찬해주세요. 스위치 켜기가 만만하고 쉬울수록 자주 켜게 됩니다. 부담되지 않는 순간을 잡으세요.

일상에서 운동 스위치를 켜는 순간 만들기(예시)

나의 일상	같이 하면 좋은 운동	결정적 운동 방법	즐거움 더하기	운동 시간 또는 횟수
양치질	발뒤꿈치 들기	치약 묻히며 발뒤꿈치 들기	스마트폰으로 음악 듣기	10번
샤워	좌우로 옆구리 늘리기	샤워 후 옆구리 늘리기	거울 보기	10번
엘리베이터 타기	계단 오르기	8층에서 내려 10층까지 걸어가기	일주일에 한 층씩 늘리며 스스로 칭찬해주기	퇴근 후 귀가 때

점점 어려운 운동에 도전해보세요

운동 루틴 관리법

운동 루틴이란 무엇일까요? '루 틴(routine)'은 반복되는 일정한 행동 규칙을 이르는 말입니다. 무언가를 하고자 할 때, 그 행동이 일단 루틴이 되면 더는 고민할 필요가 없습니다. 이유나 핑곗거리가 머릿속에서 사라집니다. 끼어들 틈이 없어지게 되죠. 루틴을 만든다는 것은 자신만의 성공 가능한 실천 전략을 구축함을 의미합니다.

'그럼 당장 운동 루틴을 만들어야 하나? 그냥 운동할 시간 내기도 버거운데 어떻게 운동 루틴까지 만들라는 거지?' 하고 스멀스멀 부담스러운 감정이 올라올 수 있습니다. 운동 루틴을 만들 때 가장 큰 장애물이 바로 이 부담스러운 감정입니다. 그래서 빡빡한 루틴을 만들면 종종 실패와 마주하게 됩니다.

다이어트할 때를 생각해보세요. '체중 감량'이라는 원대한 목표를 염두에 두고 빡빡한 다이어트 루틴을 세워본 적이 누구나 한두 번쯤은 있을 것입니다. 저 역시 웨딩드레스를 입기 위해 무모한 다이어트를 했던 적이 있습니다. 선식을 먹고 마사지를 받으며 운동도 미친 듯이 했습니다. 그렇게 일시적으로 결과에 도달한 것처럼 보일 수도 있겠지만 빡빡한 다이어트 루틴의 부작용은 다들 아시죠. 저를 기다리고 있던 것은 지독한 요요였습니다.

진정한 운동 루틴은 '지속성'에 있습니다. 지속한다는 것은 끝이 없다는 의미입니다. 운동 루틴의 목표도 삶의 성숙과 함께 계속해서 성장하고 변모해가야 합니다. 그러기 위해서는 결과가 아닌 과정에 초점을 두어야 합니다. 이런 운동 루틴이 되기 위해서는 앞서 말씀드린 대로 첫 시작이 부담스럽거나 두렵지 않아야 합니다. 마음이 가벼워야 합니다. '스트레스 제로 운동 루틴'이 되어야 하는 것입니다. 부담되지 않는 밑그림을 연필로 그려볼 수 있어야 합니다. 지우고 수정하고 덧칠할 수 있는 운동 루틴이 되어야 매일 성공을 경험할 수 있습니다.

운동 루틴이 필요 없는 사람들도 있습니다. 운동을 태어날 때부터 좋아하고 운동이 인생 취미인 분들이라면 운동 루틴을 만들 필요가 없습니다. 그러나 이런 사람이 얼마나 될까요? 보통 사람들은 종종 여긴 어디고, 나는 누구인지도 잊은 채 정신없이 살아가고 있습니다. 혹은 지키지 못한 약속과 다짐 속에 후회와 반성의 사이를 오가며 괴로워하기도 합니다. 새해 결심은 온데간데없고, 식사 후 바로 침대에 누우며 '운동은 내일부터!'를 외쳐왔던 시절이 있는 저로서는 다른 사람들도 대부분 그렇게 살아가지 않을까 생각합니다.

성인이자 군자인 공자님도 나이 70세에 이르러서야 비로소 종심소욕불유구(從心所慾不踰矩)에 이르렀다고 하지 않습니까? 마음이 하고 싶은 대로 해도 법도에 어긋나지 않게 되었다고요. 그만큼 하고픈 대로 하며 살아도 바람직하기는 어렵습니다. 우리는 마음 내키는 대로가 아닌, 자신만의 스트레스 제로 운동 루틴을 만들어 따라가야 합니다. 마음을 좇으면, (상상하기는 싫지만) 출렁이는 뱃살과 병든 몸뚱이만 남지 않을까요?

그러면 부담스럽지 않은 운동 루틴을 어떻게 만들 수 있을까요? 운동 루틴을 전혀 생각할 겨를도 없이 살아온 우리가 과연 스트레스가 제로인 운동 루틴을 만들 수 있을지 의심스러우세요? 합리적인 의심입니다. 그렇지만 앞의 글을 읽으셨다면 어렵지 않게 시작할 수 있습니다.

이것은 '운동 시간 관리법'과 깊이 연관되어 있습니다. 시작을 쉽게 만드는 일련의 가벼운 운동들을 연결해보는 것입니다. '처음-중간-끝' 혹은 '기-승-전-결'의 흐름을 만들어보는 것이지요. 이것이 버겁다면 '시작-끝'으로 짧은 루틴을 만들 수 있습니다. 시간을 내버려 두면 걷잡을 수 없이 무심히 흘러갑니다. 루틴을 만든다는 것은 이 무심히 흘러가는 시간에 생명력을 부여하는 과정입니다. 운동할 순간을 포착하여 리듬감을 주면서 일정한 템포로 꾸준하게 움직여보는 것입니다.

처음에는 5분 이하의 부담스럽지 않은 스트레스 제로

일상에서 운동을 가볍게 시작하는 루틴 만들기(예시)

어른을 위한 운동 루틴				소요 시간
시작		끝		3분
8층에서 엘리베이터를 내려 10층 집까지 걸어 올라오기		좌우로 옆구리 늘리기(5회)		
처음	중간		끝	4분
엘리베이터 대신 계단을 이용해서 집에 도착하기	TV 보며 팔굽혀펴기(5회)		설거지하며 발끝 올리기(10회)	
기	승	전	결	5분
화장실 갈 때마다 좌우로 옆구리 늘리기(3회)	점심 식사 후 100보 걷기	엘리베이터 대신 계단 이용하기	TV 보며 맨손체조 하거나 훌라후프 돌리기(2분)	

아이를 위한 운동 루틴				소요 시간
시작		끝		5분
급식 시간 후 철봉에 매달리기		저녁 식사 전 줄넘기 100회		
처음	중간		끝	10분
급식 시간 후 철봉에 매달리기	하교 후 줄넘기 200회		저녁 식사 전 인라인스케이트 타기	
기	승	전	결	15분
급식 시간 후 철봉에 매달리기	하교 후 운동장 2바퀴 걷거나 달리기	저녁 식사 전 줄넘기 300회	저녁 식사 후 자전거 타기	

운동 루틴을 일상생활 속에 끼워 넣습니다. 꾸준히 반복하다 보면 자연스럽게 나만의 운동 루틴으로 자리 잡게 되겠죠. 5분 운동이 자연스럽게 삶의 루틴으로 자리 잡는다는 것은 실로 엄청난 변화입니다. 늘 운동을 마음에 두고 있다는 것입니다. 운동할 순간을 잡고 유지한다는 의미이기 때문입니다.

모든 것이 그렇듯 운동도 첫 시작이 제일 힘듭니다. 그 힘든 시작이라는 것을 하고 한결같이 매일 3분씩 운동한다면 그 자체만으로 이미 대성공입니다. 이렇게 횟수가 거듭될수록 운동 시간은 길어집니다. 3분이 4분이 되고, 4분이 5분이 되는 것은 순식간입니다. 그러니 매일 3분을 절대 가볍게 보지 마세요. 여러분의 삶을 바꾸는 위대한 순간이며, 위대한 3분임에 틀림없습니다.

눈치채셨겠지만, 스트레스 제로 운동 루틴의 핵심은 계속해서 운동을 시작하는 것입니다. 시동을 거는 것이죠. 시동을 걸고 액셀 밟고 주행해보는 것입니다. TV를 켜는 순간 운동하기로 했다고 생각해보세요. 점차 TV 보는 횟수가 줄어들게 될 수 있습니다. 아니면 루틴을 수정하여 TV

'운동 시작 루틴'을 '운동 지속 루틴'으로 연결하기(어른용 예시)

	기	승	전	결	
운동 시작 루틴	화장실 갈 때마다 좌우로 옆구리 늘리기(3회)	점심 식사 후 100보 걷기	엘리베이터 대신 계단 이용하기	TV 보며 맨손체조하기	5분
	30초	1분	1분 30초	2분	

	승				
운동 지속 루틴	점심 식사 후 100보 걷기	100보 걷기 후 가볍게 달리기	계단 이용하기	스트레칭하기	5분
	1분	30초	1분 30초	2분	

'운동 시작 루틴'을 '운동 지속 루틴'으로 연결하기(아이용 예시)

	기	승	전	결	
운동 시작 루틴	급식 시간 후 철봉에 매달리기	하교 후 운동장 2바퀴 걷거나 달리기	줄넘기 300회	훌라후프 돌리기	15분
	2분	4분	4분	5분	

	승					
운동 지속 루틴	운동장 2바퀴 걷기	운동장 1바퀴 빠르게 걷기	운동장 1바퀴 전력 질주하기	운동장 천천히 2바퀴 걷기	스트레칭 하기	12분
	3분	2분	1분	4분	2분	

3장. 스트레스 제로 운동의 비결

광고가 나올 때마다 푸시업을 지속하게 될 수도 있습니다. '소변을 본 후 옆구리 3회 늘리기'가 '10회'로 늘어날 수 있습니다. 옆구리 늘리기가 맨손체조로 자연스럽게 연결될 수도 있습니다. '운동 시작 루틴'이 '운동 지속 루틴'으로 연결되는 것입니다.

이렇게 운동을 지속할 수 있는 기회를 늘려가다 보면 자연스럽게 운동 지속 시간도 늘어나게 됩니다. 운동 시작 루틴은 운동하기 위해 마음과 몸에 불을 켜는 순간과 같습니다. 신호에 맞춰 차를 출발하는 연습을 하는 것과 같습니다. 그러니 매일 시간을 내 운동하기로 마음먹은 그 순간부터 자신을 충분히 칭찬해주세요. 운동을 마치고 결과가 있을 때만 칭찬하면, 우리는 별로 칭찬받을 일이 없어 보입니다. 계획한 운동 루틴이 진짜 루틴으로 자리 잡느냐, 못 잡느냐는 스스로에 대한 칭찬과 깊은 관련이 있습니다. 결과가 아닌 과정에 초점을 맞추는 삶을 살게 되는 것입니다.

10킬로그램 감량이라는 결과를 얻지 못하면 칭찬받을 일이 없는 건가요? 그렇지 않습니다. 운동하려고 마음먹고 하루 3분이라는 시간을 낸 스스로를 충분히 칭찬해주서도 됩니다. "대단한데? 운동할 생각을 하다니!" 체중 감량이라는 결과에만 집착하면 실패처럼 보입니다. 그러나 운동 그 자체에 집중하면 대성공입니다. 운동할 마음을 먹고, 시간을 내고, 루틴을 지키려고 노력한 긍정적인 부분에 집중할 필요가 있습니다. 습관이 되기 위해서는 그 일을 기쁜 마음으로 계속할 수 있어야 가능합니다. 꾸역꾸역 밀린, 하기 싫은 숙제처럼 느껴지는 일들은 멀어지게 되어 있습니다. 극기하는 마음으로 독하게 마음을 다잡고 원하는 결과에 도달해도 곧 내팽개쳐지기 일쑤입니다. 그래서 다이어트 요요 현상이 생기는 것입니다.

　운동 루틴을 일상에 정착시키기 위해서는 운동에 대한 스트레스가 없어야 합니다. 한 마디로 스트레스 제로 운동 루틴이 되어야 한다는 의미입니다. 그래야 횟수도 시간도 늘어납니다. 스트레스 제로 운동 루틴이 진정한 운동 루틴으로 거듭날 수 있는 것입니다. 그래야 평생 할 수 있습니다.

　누구나 운동해야 하는 이유는 알고 있습니다. 건강을 위해서, 다이어트를 위해서, 삶의 활력을 위해서 등등 운동에 대한 열망과 동기는 누구에게나 있습니다. 그러나 누구에게나 운동이 루틴이 되지는 못합니다. 운동 루틴이 우리의 자연스러운 일상이 되지 못하는 결정적인 이유가 여기 있습니다. 동기와 열망이 강한 만큼 습관으로 자리 잡을 것 같지만, 그것 자체가 부담되는 것입니다. 이유와 목적을 매번 생각하지 않아도 자연스럽게 배어 나오는 것이 중요합니다. 부담 없이 가벼운 마음으로 자주 움직여보는 것이 중요합니다. 그런 소소함을 대단함으로 만드세요. 소소한 운동 루틴을 지키려고 노력하는 자신을 충분히 칭찬해주세요. 결국 운동을 계속하고 싶게 만드는 힘은 차곡차곡 쌓여가는 운동에 대한 성취감과 긍정적인 마음입니다.

부모님이 운동에 대해 긍정적으로 생각하고 즐겁게 실천하면 아이들도 그 모습을 보고 운동을 자연스럽게 받아들이게 됩니다. 흔히 '애 앞에서는 냉수도 함부로 못 마신다'고 하죠? 무슨 일이든 아이들이 보고 배우기 때문입니다. 그것이 좋은 습관이든 나쁜 행동이든 상관없이 부모를 보고 그대로 따라 하기에 늘 부담스러운 것도 사실입니다. 부모와 선생님의 공통적인 괴로움은 언제나 모범을 보여야 한다는 것입니다. 보고 배우는 것만큼 강력한 효과를 가진 교육도 없으니까요.

그래서 부모님의 운동에 대한 마음가짐과 실천이 무엇보다 중요합니다. 부모님이 운동을 어떻게 생각하고 실천하느냐가 아이들의 운동 습관을 형성하는 기초가 됩니다. 엄마가 운동을 좋아하면 아이는 적어도 운동을 두려워하지 않습니다. 아빠가 종종 운동하면 아이는 운동을 자연스러운 일상 루틴으로 받아들이게 됩니다.

엄마와 아빠가 하는 운동에 관심을 가지고 호기심을 보인다면, 그때가 기회입니다. 부모님의 운동 루틴에 아이가 함께하면 더 오랫동안 꾸준하게 운동을 실천할 수 있습니다. "우리 민채가 이렇게 커서 엄마랑 산책도 하니까 정말 좋네!"라고 말할 차례가 된 것입니다. 아이와 운동하는 시간이 참 의미 있는 순간임을 표현해주세요. 그리고 또 하고 싶도록 좋은 추억을 새겨 넣어주세요. 아이의 첫 시도를 좌절로 만들지 마세요. 아이가 단 5분이라도 꾸준히 운동을 실천하려고 노력한다면, 맘껏 칭찬해주시면 됩니다. 몸을 움직이기 위해 시간을 내고, 그렇게 자신만을 위한 운동 루틴을 짧게라도 만들고, 함께 지키는 것이 중요합니다.

'이런 루틴은 너무 시시한데? 이게 무슨 운동 루틴이야?' 라고 생각하실 수도 있습니다. 그렇게 가벼운 루틴이 스트 레스 제로 루틴입니다. 가볍고 시시하고 만만할수록 성공 할 확률이 높다는 것을 기억하세요. 사실 운동은 그리 거창 하고 대단한 것이 아닙니다. 누구나 할 수 있는 게 운동입 니다. 누구나 사랑을 할 수 있는 것과 같은 이치라고나 할 까요? 다만 너무 큰 의미를 두고 커다란 위험과 희생을 감 수하는 아픈 사랑은 지속되기 어려운 것과 같겠지요.

제 이름은 지애(知愛)입니다. '사랑을 안다'는 의미이지 요. 제가 사랑을 알면 얼마나 알지는 잘 모르겠지만, 제가 아는 한 운동은 사랑과 닮았습니다. 첫눈에 반하는 사랑도 좋지만, 우리가 일상에서 경험하는 사랑은 대부분 부담 없 이 자주 볼 수 있는 관계가 발전하여 결실을 맺게 됩니다. 운동할 시간을 만든다는 것은 호감 가는 그 사람을 만날 기회를 엿본다는 의미입니다. 루틴을 만들어보는 것은 데 이트 계획을 세우는 것과 같습니다. '언제 어떻게 만날까? 만나서 뭐 할까? 밥을 먹고 차를 마실까?' 하고 생각해보 는 것이죠. 운동 루틴을 만들어보는 것도 이와 같은 맥락에 서 생각해볼 수 있습니다. 부담 없이 움직이다 보니 어느새 좋아서 지속할 수 있는 이유를 만들고 실천해나갈 수 있게 되는 것입니다.

자, 이제 스트레스 제로 운동 루틴을 만들어볼 마음이 드시나요? 그렇다면 그것만으로도 대성공입니다. 무엇보다 꾸준히 하는 것이 중요합니다. 스마트폰 앱(〈마이해빗〉, 〈Workflowy〉 등)을 활용해서 매일 루틴을 완성하고 체크해보세요. 오전, 점심, 오후, 저녁 중 짬을 내서 운동을 시작하기 좋은 시간을 선택하고, 그 운동을 지속할 수 있는 루틴을 만들어보는 것부터 시작하세요. 예를 들어 점심에 산책을

나만의 '운동 지속 루틴' 만들기(예시)

	오전	점심	오후	저녁
운동 시작 루틴		산책하기		
		2분		

	오전	점심	오후	저녁
운동 지속 루틴	계단 이용해서 밖에 나가기	산책하기	줄넘기나 훌라후프 돌리기	스트레칭하기
	1분	2분	1분	1분

하기로 결심했다면, 산책 시간 앞뒤로 연결할 수 있는 운동을 추가해서 5분 동안 할 수 있는 운동 지속 루틴을 만들어보는 겁니다.

손쉽게 시작할 수 있는 가벼운 운동 목록을 보면서, 내가 지금 당장 시작할 수 있는 운동은 무엇일지 생각해보고 바로 실천하세요. 산책도 스트레칭도 아주 좋은 운동입니다. 시작하기 쉽고 부담스럽지 않은 운동으로 시작해야 오래오래 지속할 수 있답니다.

가벼운 운동 목록

• 계단 오르기	• 유튜브 요가 따라 하기
• 동네 걷기	• 스트레칭
• 줄넘기	• 맨손체조
• 훌라후프 돌리기	• 인라인스케이트
• 농구 자유투	• 자전거
• 제기차기	• 보드
• 댄스	• 축구공 리프팅

운동 비용 관리법

운동의 시작이 더 이상 두렵지 않으신가요? 자신만의 부담스럽지 않은 운동 시작 루틴과 운동 지속 루틴을 계획하셨나요? 이리저리 운동하지 못할 이유를 말하는 대신, 요리조리 운동할 시간과 방법을 찾고 계시다면 성공입니다. 운동의 가치를 깨닫고 좀 더 잘해보고 싶다는 의욕도 생길 것입니다.

그런 부모 혹은 아이는 운동 친화적 삶을 살고 있는 것입니다. 가볍고 부담 없는 운동을 지속하면서 겉모습과 함께 내면도 단단해지고 있습니다. 몸과 마음은 생기로 차오르고, 변명하기보다는 방법을 찾는 것에 집중하게 됩니다. 피하고 외면하기보다 담담하게 도전하는 쪽을 택하게 됩니다. 자신감도 생깁니다. 운동을 통해 삶의 총체적인 모습이 통합적으로 성장하고 성숙해집니다.

그리고 운동에 더 몰입하게 됩니다. 특정한 종목을 배우고 싶은 마음도 살살 고개를 들게 됩니다. '어떤 종목이 재미있을까?', '나의 성향과 맞는 스포츠는 무엇일까?', '수영을 배워볼까?', '탁구에 도전해볼까?' 등등 머릿속에 운동 생각이 가득해지게 되지요. TV나 영화 속에 등장하는 스포츠를 눈여겨보게 됩니다. 집 근처 체육센터나 스포츠 아카데미 간판을 다시 보게 됩니다. 운동이 더는 딴 세상 이야기가 아닙니다. 바야흐로 운동과 설레는 연애를 준비하는 순간이 찾아오게 된 것입니다.

설레는 마음만으로 연애를 유지할 수는 없습니다. 영화도 보고 밥도 먹어야 합니다. 선물도 해주고 싶습니다. 그러면 데이트 비용의 문제가 발생합니다. 스포츠도 그렇습니다. 돈을 좀 써줘야 합니다. 왜냐하면 처음부터 배우거나 익히지 않고 자연스럽게 즐길 수 있는 스포츠는 거의 없으니까요. 모든 스포츠는 기나긴 세월 속에서 다듬어진 정교한 인간들만의 유희입니다. 그래서 배워야 즐길 수 있습니다. '약수터 민턴'이라고 우습게 보고 라켓만 하나 들고 가시면 안 됩니다. 백발이 성성한 숨은 배드민턴 고수들에게 고등어처럼 발립니다. 다시는 약수터에 가고 싶지 않을 것입니다.

결국 어느 시점에 이르러서는 운동하는 데 돈이 들기 마련입니다. 운동이 루틴이 된 이후에는 특정 스포츠를 배우고 익히기 위해 비용을 지불해야 합니다. '꼭 배워야 하나? 레슨을 받아야 하나? 그냥 하면 되지 않을까?'라는 생각이 들 수도 있습니다. 물론 받고 안 받고는 자유지만, 대부분의 경우 꼭 받아야 합니다. 주먹구구식으로 익힌 엉성한 자세로는 오래 버틸 수 없습니다. 건강해지려고 배운 운동이 오히려 몸에 해가 될 수도 있습니다. 더 오래 더 건강하게 더 즐겁게 운동하려면 배워야 합니다. 잘못 배운 자세를 고치기 위해 나중에 더 많은 돈과 시간을 들여야 하는 경우도 허다합니다. 사실 돈을 아무리 들여도 고칠 수 없는 슬픈 경우도 비일비재합니다. 그러니 첫발을 제대로 들여놓아야 합니다.

어떻게 하면 경제적 상황도 고려하면서 효율적으로 비용을 지불하며 제대로 배울 수 있을지 고민해야 합니다. 아끼려고만 하지 말고 돈을 잘 쓸 생각을 해야 합니다. 만약 주변에 자신이 배우고 싶은 종목을 잘 아는 자타공인 고수가 있다면 그분에게 조언을 구하세요. 운이 좋으면 장비를 공짜로 얻을 수도 있습니다. 고수들은 대회에 나가 경품으로 가방이나 라켓, 셔츠 등 각종 운동용품을 많이 타니까요. 유튜브 등 동영상을 보면서 팁을 얻는 방법도 추천합니다.

좀 더 체계적이고 장기적인 맥락에서 스포츠를 배우고 즐기고 싶다면 시, 군, 구에서 운영하는 국민체육센터를 추천합니다. 일단 배우고자 하는 종목이 국민체육센터에 있는지 살펴보세요. 국민체육센터에 개설된 종목들은 소위 말해 인기 종목들입니다. 만약 처음부터 배우기 어렵고 레슨비가 비싸며, 해당 종목을 즐기는 인구가 적은 비인기 종목을 선택하면 포기가 빨라집니다. 운동이 습관이 되기 위해서는 가볍고 만만해야 한다고 말씀드렸었죠. 만만한 마음으로 도전할 수 있는 종목으로 생애 첫 스포츠를 경험해보길 추천합니다. 거리상으로 가깝고, 레슨비도 저렴하고, 언제나 사람들과 함께 즐길 수 있는 종목을 찾아 시작해보세요.

이와 같은 맥락에서 배드민턴을 예로 들어, 효율적으로 비용을 쓰는 이야기를 해보려고 합니다. (다른 종목에 관심이 있으시다면 같은 접근 방식으로 도전해보길 권합니다.) 생활체육 분야에서 가장 인기가 많은 종목은 배드민턴입니다. 전국적으로 배드민턴 동호인이 가장 많습니다. 상대적으로 저렴한 비용으로 운동을 운동답게 즐길 수 있는 종목이기 때문이지요. 그리고 한번 빠지면 헤어 나오기 힘든 치명적인 매력이 있는 종목이기도 합니다. 아이들도 쉽게 즐길 수 있는 운동 종목이 배드민턴입니다. '배드민턴을 레슨까지 받아야 해? 약수터에서 치면 되지 않을까?'라고 생각하셨다면 오산입니다.

일단 가까운 국민체육센터에서 수강 신청을 하세요. 새벽반, 오전반, 오후반, 저녁반을 선택해서 수강할 수 있을 만큼 여러 개의 반이 개설되어 있습니다. 수영은 수강 가능 인원이 한정되어 있고 자리가 잘 나지 않아서 기다려야 할 수도 있지만, 배드민턴은 대부분 바로 등록할 수 있습니다.

비용은 한 달에 3만 원 정도입니다. 부모와 아이가 함께 등록한다면 더 좋겠지요.

대부분 매월 1일 개강하므로 관심이 있으시다면 1~2주 전에 먼저 등록하세요. 이제부터가 중요합니다. 보통의 경우 개강 첫날 두려운 마음으로 뻘쭘하게 갑니다. 하지만 이 책을 읽으시는 분들은 개강하기 열흘에서 일주일 전에 등록한 반에 미리 가보시길 추천합니다. 코치와 회원들에게 인사하며 분위기를 살펴보세요. 그리고 그분들에게 물어보는 겁니다. "초보자다 보니 무엇을 준비해야 할지 막막하네요. 다음 달 1일부터 수강하게 되었는데, 제가 뭘 준비해서 오면 될까요?" 그러면 꼭 필요한 준비물을 알려주실 거예요.

일단 실내용 배드민턴화와 라켓이 꼭 필요합니다. 구매 방법도 물어보면 알려주십니다. 그렇게 최소한의 준비물을 챙겨서 수강하시면 됩니다. 처음부터 무턱대고 고가의 장비를 구매하는 실수를 방지할 수 있습니다. 복장과 용구에 대한 궁금함을 해결하고 분위기도 익힐 수 있습니다. 그러지 않고 개강 첫날 물어보시면 준비가 끝날 때까지 배드민턴을 배우는 데 집중하기가 어렵겠지요?

그렇게 배드민턴을 1분기, 즉 3달 정도 배운다면 '배드민턴이 이런 것이구나!'를 느끼게 됩니다. 국민체육센터 이외에 배드민턴을 배우고 즐길 수 있는 곳에 대한 정보도 알게 됩니다. 그래서 자신에게 가장 적합한 장소에서 배드민턴을 즐길 수 있게 됩니다. 더 체계적으로 배우고 싶다면 어디에서 레슨을 받아야 하는지, 라켓은 어떻게 고르는지 등등 종목에 대한 이해가 넓어지고 깊어집니다. 자신의 경제적 상황을 고려하여 효율적으로 비용을 쓰면서 스포츠를 즐길 수 있게 되는 것입니다.

국민체육센터에서 1분기(3달) 동안 배드민턴을 배운다고 가정할 때 각종 초기 비용(라켓, 운동화, 운동복 등의 구매)과 등록비로 30만 원가량 듭니다. 아이들은 어른의 반값 정도라고 생각하시면 됩니다. 이 초기 금액이 부담될 수 있습니다. 또 다른 종목을 배우면 비용이 더 들 수 있습니다. 스포츠를 즐기고 배울 때 돈이 중요한 역할을 하는 것은 사실입니다. 스포츠 이외에 다른 취미활동들도 금액의 많고 적음의 차이이지, 배우고 즐기려면 돈이 필요하기는 매한가지입니다. 다른 점이 있다면 다른 취미활동은 선택일 수 있지만, 운동은 인생의 필수과목이라는 점이죠. 건강하게 살기 위해서 꼭 해야 하는 것이 운동이므로, 운동에 드는 비용을 줄이기보다는 효율적으로 쓰기 위해 모으는 방법을 고민해야 할 것입니다.

효율적으로 쓰더라도 돈은 듭니다. 운동에 필요한 돈을 어떻게 모으면 좋을까요? 이 질문을 스스로에게 해보세요. 답답하신가요? 죽도록 벌긴 버는데 돈이 늘 없으신가요? 월급은 소리소문없이 사라지는 사이버 머니인가요? 그렇다면 적극적으로 방법을 강구할 때가 왔습니다. 그런데 부담이 되면 안 됩니다. 우리의 모토는 '스트레스 제로'라는 것을 기억하세요.

돈이 늘 없는 것은 매우 자연스러운 일이니 너무 놀라지 마세요. 시간이 늘 없는 것처럼요. 따로 딱 떼어놓지 않으면 늘 없는 것이 시간과 돈입니다. '시간 없다', '돈 없다'라는 말을 늘 달고 사는 이유가 여기 있습니다. 시간이 없다고 하면서 맛집 탐방을 하고 게임도 하고 인터넷 서핑도 합니다. 돈 없다고 하면서 커피 마시고 외식하고 쇼핑합니다. 진짜 없는 게 아니라, 있는데 흐지부지 써버리는 게 팩트입니다.

이제부터 잘 써보려고 마음을 먹었다면 일단 돈에 이름을 붙여주세요. 유행가 가사에도 있잖아요. '이름표를 붙여 내 가슴에~ 확실한 사랑의 도장을 찍어!' 돈이란 녀석도 이름을 붙여주지 않으면 손바닥 안 모래알 빠져나가듯 순식간에 사라지기 마련입니다. 매일 혹은 매월 일정 금액을 따로 떼어 저금하세요. 그리고 그 통장에 이름을 쓰세요. '나도 운동한다!', '몸짱 프로젝트', '스매싱' 등등 자신이 배우고 싶은 스포츠와 관련된 이름을 재미나게 붙여보세요. 그렇게 1년을 모으면, 자신이 도전하고 싶은 어떤 종목에도 도전할 수 있는 초기 비용은 충분히 마련될 것입니다.

그래도 잘 안 된다면 머니 뱀파이어를 찾으세요. 매달 티 안 나게 내 돈을 쭉쭉 빨아먹고 있는 것들이 무엇인지 살펴보세요. 고정 지출에서 한 가지만 줄여도 한 달에 2~3만 원은 통장에 넣을 수 있습니다. 휴대폰 요금제를 바꾸거나 각종 월정액 이용을 해지하는 것도 하나의 방법이 될 수 있습니다.

소비패턴도 한번 점검해보세요. 가장 많이 지출하는 항목이 무엇인가요? 외식비나 유흥비, 의류비에 너무 많이 쓰고 있지는 않나요? 최근 6개월간 카드 명세서를 조회해보세요. 그러면 해답이 보일 거예요. 외식을 한 달에 열 번 했다면 아홉 번으로 줄여보는 것입니다. 절대 허리띠를 졸 라매지는 마세요. 조금씩 부담되지 않도록 천천히 줄여가 세요. 어떤 방식이든 돈 모으는 것이 부담되면 안 됩니다. 부담이 되지 않게 즐겁게 모을 방법을 동원하세요.

이렇게 자신의 소비패턴을 점검하고 돈에 이름을 붙이 는 것은 내비게이션을 이용해 길을 찾는 것과 같습니다. 스 마트폰의 내비게이션 앱을 켜면 가장 먼저 내가 있는 위치 가 표시됩니다. 돋보기 모양을 눌러 가고 싶은 곳을 도착지 로 설정하면 원하는 곳으로 우리를 데려다줍니다. 머니 뱀 파이어를 찾고 소비패턴을 점검하는 과정은 내가 있는 위 치, 즉 출발지를 설정하는 것입니다. 돈에 이름을 붙이는 것은 내가 가고 싶은 곳인 도착지를 설정하는 것과 같습니 다. 도착지를 설정하면 우리는 그곳을 향해 가게 되어 있습 니다. 이것이 돈 모으기에 관한 정말 단순하지만 아주 중요 한 지혜의 전부입니다. 사실 살아가는 모든 일이 그렇습니 다. 목표를 설정하는 것 그리고 현재 자신의 상태를 점검하 는 것이 자아실현의 출발점이 됩니다.

돈은 미리미리 그리고 오랫동안 모아야 합니다. 운동 비용은 운동을 하지 않을 때부터 조금씩 모아두는 것입니다. 건강할 때 돈을 모아두어야 아플 때 쓸 수 있는 것과 같은 이치입니다. 벼락치기를 많이 해본 제가 뼈저리게 느낀 게 하나 있습니다. 인생에서 벼락치기가 가능한 것과 불가능한 것이 있다는 사실입니다. 돈 모으기는 절대 벼락치기로 가능하지 않습니다. '지금 당장'이 정답입니다.

지금 당장 돈에 이름을 붙이세요. 아이와 함께라면 금상첨화입니다. 아이와 함께 운동에 드는 비용을 장기적으로 마련할 방법을 꼭 세워보세요. 그러면 아이가 좋아하는 어떤 운동이든, 아이가 원하는 시기에 시작할 수 있는 확률이 높아집니다. 용돈이나 세뱃돈을 받으면 그중 10퍼센트는 운동을 위한 비용으로 따로 저금하는 습관을 들여주세요. 우리 아이 명의로 된 청약통장도 키즈 펀드도 주식도 중요하지만, 더 중요한 것은 건강한 몸과 마음을 만드는 것이며, 이것이 모든 일의 바탕이 되어야 합니다. '건강하게만 자라다오'를 외쳤던 그 시절을 떠올려보세요. 여러분 인생의 찐 효자 종목은 운동입니다.

어떻게 운동을 시작할지 아직도 고민되신다면 만다라트(Mandal-Art)로 운동 계획을 세워보세요. 만다라트는 목표를 이루기 위한 다양한 방법을 체계적으로 정리하는 데 도움이 되는 사고 기법의 하나입니다. 운동 비용도 운동 계획의 전체적인 맥락 속에서 세워보시길 바랍니다. 만다라트

만다라트로 운동 계획 세우기(예시)

주말 운동 시간 찾기	평일 운동 시간 찾기	순간 포착하기	SNS 활용하기	습관 만들기(앱 활용하기)	운동 일기 쓰기	운동 적금 통장 개설하기	야식 줄이기	매일 500원 저금
휴가 운동 루틴	운동 시간	운동 시작 루틴 만들기	몸 사진 찍기	지속 방법	대회 참가	휴대폰 요금제 변경	운동 비용	일주일에 한 번만 외식하기
비 오는 날 운동 루틴 만들기	30분 루틴 만들기	운동 지속 루틴 만들기	운동에 관한 책 읽기	운동 다큐멘터리 보기	운동 관련 영화 보기	휴가 비용 줄이기	가계부 쓰기	대중교통 이용하기
점심시간 운동 친구 만들기	자녀와 함께할 수 있는 운동	반려동물과 함께할 수 있는 운동	운동 시간	지속 방법	운동 비용	맨손체조	훌라후프	줄넘기
부모님과 함께할 수 있는 운동	운동 친구	배우자와 함께할 수 있는 운동	운동 친구	운동하기	운동 종목	등산	운동 종목	산책
개인 운동	동료와 함께할 수 있는 운동	운동 조언자 찾기	운동 멘탈	건강 관리	운동 인성	자전거	계단 오르기	조깅
10년 뒤 모습 상상하기	5년 운동 계획 세우기	1년 운동 목표 세우기	명상하기	물 8잔 마시기	야식 안 먹기	배려하기	계획 세우기	실천하기
다름을 인정하기	운동 멘탈	1달 운동 목표 세우기	건강한 식단 유지	건강 관리	금주하기	화내지 않기	운동 인성	약속 지키기
여유롭게 생각하기	6개월 뒤 모습 상상하기	운동 장점 생각하기	금연하기	청소하기	일찍 자기	청결 유지	예의 지키기	감사하기

로 운동 계획을 차근차근 정리하다 보면, 내가 지금 당장 실천할 수 있는 것들에 더욱 집중할 수 있습니다. 그리고 잘게 쪼개서 실천할 수 있는 구체적인 방법들을 적극적으로 고민할 수 있습니다. 쉽게 작성하고 한눈에 볼 수 있다는 것 또한 만다라트의 장점이지요.

만다라트로 운동 계획을 세우는 방법은 이렇습니다. 운동이라는 계획을 세우는 데 핵심이 되는 방법과 아이디어 8가지를 주변에 적고, 다시 8가지를 하나의 독립된 주제로 확장하여 적어봅니다. 그리고 그 주제를 구체화해줄 방법을 다시 이웃하는 8개의 면에 적는 것입니다.

한 달 정도 실천해보고 그 달성 정도를 동그라미, 세모, 엑스로 표시해보세요. 그리고 새로운 계획표를 만들어보세요. 만다라트 앱도 있으니 매달 간편하게 새로 만들며 운동 실천 다짐을 할 수도 있겠죠.

너무 어렵고 복잡하다면 일단 8칸만 생각해도 좋습니다. 먼저 운동 비용을 마련할 방법에만 집중하여 오른쪽 칸에 직접 작성해보세요.

만다라트로 운동 비용 마련 방법 세우기

	운동 비용	

운동 멘탈 관리법

꾸준히 운동하면 멘탈이 점점 강해집니다. 멘탈이 약한 사람도 대부분은 좋아집니다. 운동을 통해 자존감 및 행복감이 높아진다는 수많은 연구 결과를 일일이 열거하지 않더라도 우리는 경험적으로 이미 알고 있습니다. 운동을 하면 몸과 마음이 튼튼해질 수밖에 없다는 것을요. 그리고 운동을 통해 새 삶은 찾은 주인공들의 이야기는 연일 화제가 됩니다.

그 주인공들의 이야기 속에 빠지지 않고 등장하는 에피소드가 있습니다. 바로 다양한 슬럼프 경험담입니다. 운동하면서 늘 꽃길만 걷고 싶으신가요? 그런데 꽃길은 늘 비포장도로입니다. 비포장도로를 걷지 않고 예쁜 꽃을 가까이에서 보기는 어렵습니다. 운동하면서 슬럼프도 겪고 크고 작은 고난도 헤쳐 나가야 운동이 삶의 꽃으로 자리 잡게 되는 것입니다.

크고 작은 고난들을 헤쳐 나가면서 아무리 마음을 다잡아도 가끔은 멘탈이 탈탈 털리는 경험을 하게 될 때도 있습니다. 깊은 슬럼프에 빠지게 될 수도 있고, 같이 운동하는 사람들 때문에 힘들어질 때도 있습니다. 한때는 밥 먹는 것보다 더 좋았던 운동이 시들해질 때도 있습니다. 시합이나 대회로 너무 긴장해서 평소 실력의 절반도 발휘하지 못한 자신을 책망할 때도 있습니다.

만약 여러분이 이와 같은 경험을 하게 된다면, 혹은 이미 하고 있다면 기뻐하세요. 왜냐하면 이 어려움은 아장아장 걷기 바쁜 햇병아리들은 도저히 느낄 수 없는 것이기 때문입니다. 이런 어려움을 겪으려면 운동을 본격적으로 시작한 지 최소 6개월은 지나야 합니다. '굳이 기뻐할 필요까지 있을까?' 하고 의문을 품는 분들도 있으실 겁니다. 그런데 정말 기뻐할 일입니다. 슬럼프는 애벌레의 삶에서 나비의 삶으로 점점 변화하고 있다는 신호와 같으니까요. 애벌레가 아무 생각 없이 기어 다니며 배춧잎을 먹는 데만 집중하다가, 어느 순간 먹기를 멈추고 변신을 위해 번데기 안에서 답답함을 온몸으로 견뎌내는 것과 같은 이치입니다. 그 어려움을 이겨내야만 멋진 날개로 하늘을 날 수 있습니다.

사랑과도 같죠. 첫 만남의 두근거리는 상태로만 지내길 바라는 건 성숙한 사랑이라고 말할 수 없습니다. 결혼도 하고 아기도 낳고 권태기도 슬기롭게 견뎌내야 사랑이 깊어지고 단단해집니다. 권태기를 극복하지 못하면 이별하게 되는 것처럼, 운동하면서 겪게 되는 여러 가지 어려움을 잘 극복하지 못하면 끝내 운동을 그만두게 될 수도 있습니다.

누구에게나 슬럼프는 찾아옵니다. 그것을 극복하면 더 높은 차원으로 성장하고 성숙하게 되지요. 운동도 그렇습니다. 슬기롭게 극복한 사람만이 가질 수 있는 여유로움도 있습니다. 그런 경험을 한 부모는 아이가 운동하고 성장하는 과정 중에 마주하게 되는 스트레스와 불안에 더 잘 대처하게 됩니다. 아이와 함께 방법을 찾고 긍정적인 방향으로 나아가게 됩니다.

결국 부모의 멘탈이 중요한 이유는 자녀 때문입니다. 멘탈 관리를 못 하고 자기 성질대로 아이를 키우면 아이도 그 모습을 그대로 닮아갑니다. 부모의 멘탈이 곧 아이의 멘탈입니다. 아이는 동물적인 감각으로 주변 상황을 직관적으로 이해하고 받아들입니다. 엄마, 아빠의 감정과 기분을 때론 부모 자신보다도 더 잘 느끼곤 합니다. 부모가 운동하며 화를 내고, 심지어 분에 못 이겨 라켓을 부순다면 아이는 운동을 어떻게 받아들이게 될까요?

살아가는 것, 사랑하는 것, 운동하는 것, 이 모든 것들은 스트레스를 내포하고 있습니다. 그래서 멘탈 관리가 중요합니다. 우리는 끊임없이 사람들을 만나고 마음을 나누고 여러 가지 일들을 해내면서 행복과 불행 사이를 오갑니다. 스트레스를 잘 조절해나가는 것이 결국 멘탈 관리의 핵심이라고 볼 수 있습니다. 운동하면서 우리의 초심을 흔드는 어려움의 원인이 될 수 있는 것들이 무엇인지 살펴보고 마음을 다잡는 것이 중요합니다.

그렇다면 우리는 어떤 어려움을 마주하게 될까요? 크게 세 가지 어려움이 있습니다. 그 첫 번째는 운동 혹은 내가 배우는 스포츠 그 자체가 어렵게 느껴지고 싫증 나는 경우입니다. 한 단계 한 단계 새로운 기술을 배우며 벽을 넘지 못하는 경우가 그렇습니다. 잘하고 싶은 욕심에 부상을 입을 수도 있습니다. 자신의 체력과 운동능력을 무시한 채 무리해서 접근할 때 맞이하는 시련입니다.

이럴 때는 한 가지만 기억하세요. 잠시 멈췄다 가는 것도 나쁘지 않다는 것을요. 일종의 숨 고르기라고 생각하세요. 죽기 살기로 안간힘을 쓰며 성실하게 인내해선 안 됩니다. 1~2주 쉬어도 큰일 나지 않습니다. 여유를 가지고 포기만 하지 마세요. 확 때려치우지 말고 끈을 놓지 마세요. 감기를 앓고 나면 몸이 가벼워지듯이, 조금 쉬고 나면 몸과 생각이 다시 부드러워지고 여유가 생깁니다.

아이에게도 여유를 갖고 꾸준히 해나가는 운동의 중요성을 알려주세요. 힘들 때는 쉬어가도 좋다고 알려주세요. 그리고 다시 일어설 힘이 생겼을 때, 다시 걸어가면 된다는 사실을 알려주면 됩니다. 이때 부모에게 가장 중요한 건 아이에게 여유를 가지는 것입니다. 아이를 기다려주기 위해 존재하는 사람이 부모니까요.

　두 번째는 운동하면서 만나는 타인들로 인해서 겪게 되는 어려움이 있을 수 있습니다. 스포츠를 가르쳐주는 코치 혹은 강사와의 마찰이 있을 수 있습니다. 스타일이 맞지 않기 때문입니다. 그리고 스포츠클럽에서 만나는 사람들로 인해 어려움을 겪을 수도 있습니다. 대부분 처음 접하는 스포츠는 대중적일 확률이 높습니다. 그래서 클럽에도 가입하게 되지만, 자신이 그동안 몸담고 있던 공동체와는 다른 낯선 불편함이 존재할 수밖에 없습니다.

　기억하세요. 절대 나 아닌 다른 사람은 바꿀 수 없습니다. 물론 나 자신도 바꾸기 어렵지만, 더 어려운 것이 타인을 바꾸는 일입니다. 그러니 내가 마음을 고쳐먹어야 합니다. 거리를 두세요. 너무 모든 것을 쏟아낼 필요가 없습니다. 이것이 인간관계 유지의 핵심입니다. 너무 잘하려 하거나 잘 보이려 하지 말고, 상대가 싫어하는 것을 하지 않는 것이 중요합니다.

　운동할 때는 '말이 사람을 그리고 관계를 매우 피곤하게 한다'는 사실도 기억하세요. 하고 싶은 이야기를 참는 것도 배려입니다. 시도 때도 없이 입바른 소리를 쏟아내면 친구가 없습니다. 훈수 두고 싶을 때 기억하세요. 꼰대가 되는 것은 한순간입니다. 청하지 않은 정확하지 않은 조언은 초보자들의 마음을 불편하게 하지요. 모두가 행복한 마음으로 즐겁게 스포츠를 즐길 수 있어야 합니다. 초보자들도 눈치 보지 않고 스포츠를 즐길 수 있는 체육관이 좋은 체육관이고, 명문 클럽입니다. 팩트를 날리는 것도 폭력이 될 수 있습니다.

지나치게 입바른 말을 하는 아이들을 종종 보게 됩니다. 사실이긴 하나 들으면 기분 나쁜 말들을 골라서 하는 경우도 많습니다. 우리 아이가 이런 성향을 가지고 있다면 먼저 자신의 모습을 되돌아본 후, 아이에게도 하고 싶은 말을 다 하는 것이 관계 유지에 독이 될 수 있음을 알려주세요.

세 번째는 시합이나 대회에서 겪는 불안함입니다. 시합이나 대회에 나가면 실력이 일취월장합니다. 안 나가면 실력이 늘기 어렵습니다. 그래서 피할 수 없으니 적극적으로 즐겨야 하는 것이 시합이나 대회입니다. "나는 그냥 즐기려고 체육관에 나오는 거지, 대회나 시합에 나가려고 운동하는 게 아니야"라고 말하는 회원님들을 왕왕 마주칩니다. 하지만 제대로 즐기려면 대회나 시합에 꼭 나가시길 권합니다.

쓸데없이 자존심을 부리거나, 너무 자신감이 없으면 실패하는 게 싫어서 도전하지 않게 됩니다. 아무것도 안 하면 아무 일도 안 생깁니다. 도전하세요. 일시적으로 실패한 것처럼 보이는 성공만이 있을 뿐입니다. 불혹을 넘긴 나이가 되니, 했던 일로 후회하기보다 하지 않아서 회한이 되는 경우가 많습니다. 눈에 넣어도 아프지 않은 제 딸아이에게 해줄 수 있는 유일한 말은 '시도하고 도전하고 많은 실패를 겪으며 삶의 요령을 터득해나가라'입니다. 빨리 실패해야 빨리 일어날 수 있습니다. 먼저 넘어지고 자주 넘어져야 일어나기가 수월해집니다. 그리고 넘어지지 않는 요령을 터득해나갑니다. 그러니 대회에 나가 예선 탈락도 꼭 경험해봐야 합니다.

대회나 시합은 시험이라고 생각하세요. 취직을 위해 영어 점수가 필요한 취준생이라고 가정해보겠습니다. 공부하고 시험 보는 사람과, 시험 먼저 보고 공부하는 사람 중 누가 원하는 점수를 빨리 얻게 될까요? 시험 먼저 보고 공부를 시작하는 사람이 원하는 점수를 빨리 얻게 됩니다. 시험을 보면 무엇이 부족한지, 원하는 점수를 얻기 위해 어떤 노력을 해야 하는지 깨닫게 됩니다. 대회에 나가보면 내가 어떻게 연습해야 하고 무엇이 부족한지 단번에 알 수 있습니다. 우리는 모두 소중한 시간을 쪼개 운동을 배웁니다. 기왕이면 같은 시간을 투자해서 좋은 결과를 얻어내는 것이 효율적이겠지요.

대회나 시합에 나가서 공식적으로 실패하고 그것을 슬기롭게 이겨내는 경험을 하는 것이 중요합니다. 삶의 어떤 장면에서도 인간은 실수와 실패를 통해 성장하고 성숙해지니까요. '탈락하면 어떡하지?', '지면 어쩌지?' 이런 생각은 접어두세요. 자존심에 스크래치가 날까 봐 도전하지 않으면 영영 어떤 도전도 할 수 없습니다. 어떻게 스크래치 하나 없이 살아갈 수 있겠습니까? 스크래치는 고장이 아닙니다. 생활 기스는 당연히 생기는 겁니다. 실패와 실수로 당신의 가치가 매겨지는 것도 아닙니다. 그것을 이해하고 극복하기 위한 다음 스텝을 밟아가면 됩니다.

수없이 많은 아이들을 만나온 저에게 어떤 아이들이 가

장 매력 있냐고 물으시면, 운동을 좋아하는 쿨한 녀석들이라고 대답합니다. 자신의 실패나 실수를 변명하지 않고 받아들이며, 다음 기회를 준비하는 멋진 아이들 말이죠. 이런 아이들은 운동할 때 자신에게 부족한 기술이 무엇인지를 생각합니다. 그 운동을 잘하려면 무엇을 해야 하는지 늘 생각합니다. 그래서 틈틈이 준비하고, 도전하고, 한계를 극복하는 사이클을 스스로 만들어갑니다. 운동하면서 늘 새로운 것에 도전하고 크고 작은 실패들을 경험하면서 만들어가는 '쿨내 나는 멘탈'을 소유하게 됩니다. 시합이나 대회 경험을 쌓으며 자연스럽게 긴장하지 않고 자신의 능력을 펼쳐보는 연습도 하게 됩니다.

대회나 시합에 나가서도 멘탈을 꽉 잡고 싶으신가요? 그럼 한번 이렇게 마음을 먹어보세요. '나는 오늘 내 실력의 70퍼센트만 보여주고 재미있게 즐길 것이다. 이기면 좋고 지면 더 좋은 경험을 하는 것이다!' 운동회 때 개인 달리기 출발신호를 두근두근한 마음으로 기다리는 아이처럼 축제에 왔다고 생각하면 됩니다. 시합이나 대회에 나가서 자기 평소 실력의 70~80퍼센트만 나와도 좋은 성적을 낼 수 있습니다. 아마추어 경기에서 엇비슷하게 점수를 주고 받으며 경기를 풀어내고 있다면 상대방과 비슷한 실력이 라고 보면 됩니다. 긴장할 필요가 전혀 없는 종이 한 장 차 이의 실력이라고 생각하세요. 그리고 안전하고 침착하게 경기를 풀어가는 방법을 택해야 합니다.

1등의 영광을 누리고 싶다면 남모르는 크고 작은 노력 이 필요합니다. 저는 요 근래 배드민턴을 치고 있습니다. 예선 탈락을 수없이 많이 하면서 쌓은 지혜 덕분에 대회에 서 여러 번 1등을 했습니다. 대회는 대부분 주말에 있습니 다. 그래서 한 달에 두 번은 꾸준하게 대회에 나갔습니다. 체력을 관리하고 레슨도 받고 자주 연습하는 건 기본이지 요. 대회는 아침부터 경기 일정이 잡히는 게 보통이라 틈틈 이 오전에도 운동을 해둡니다. 오전에도 경기할 수 있는 몸 을 만들어두는 과정입니다. 경기 시작 1시간 전에는 도착 해서 첫 게임을 할 코트에서 충분하게 몸을 풀어둡니다. 코 트 규격을 생각하며 아웃되지 않게 서브도 넣어봅니다. 코 트체인지를 대비해서 코트를 번갈아 가며 난타를 칩니다. 조명 때문에 눈이 부셔서 안 보이는 곳이 어디인지 미리 확인해둡니다. 그렇게 처음 온 경기장에 적응합니다.

30분 정도 몸을 풀고 있으면 첫 경기를 치를 상대방 선수들도 경기장에 들어옵니다. 조용히 코트를 양보해주고, 상대방 선수들의 난타 치는 자세를 봅니다. 어느 정도의 실력인지 가늠하며 어떻게 경기를 풀어갈지 생각합니다. 수많은 예선 탈락과 대회 경험을 통해, 오히려 대회 중에는 전혀 긴장하지 않게 되었습니다. 긴장하는 성격이라면 긴장에 익숙해지는 방법을 찾아 노력하면 됩니다.

결국 중요한 순간에 우리의 멘탈을 잡아주는 것은 포기하지 않고 꾸준하게 노력하는 처음과 같은 마음입니다. 스포츠 상황에서나 삶에서나, 허송세월하지 않고 준비한 사람만이 성공할 수 있습니다. 버스 떠난 뒤에 손 흔들어봐야 소용이 없습니다. 봄에 씨를 뿌리지 않으면 거둘 것이 없습니다. 어떤 순간에라도 멘탈을 잡을 수 있는 사람은 준비한 사람입니다. 준비하고 노력하는 사람은 기회와 시간의 소중함을 알고 있는 사람입니다. 모든 것에는 때가 있음을 아는 사람입니다. 씨 뿌리지 않는 농부에게 봄비는 의미가 없습니다. 그러나 씨를 뿌려놓은 농부에게 비는 간절합니다. 부지런히 움직여 비만 내리면 되게끔 준비해두는 마음으로 노력했을 때, 우리는 그 누구보다 강한 멘탈을 지닐 수 있습니다.

강한 사람이 살아남는 것이 아니라 살아남는 사람이 강한 사람임을 기억하세요. 뛰는 놈 위에 나는 놈 있고 나는 놈 위에 간절한 사람이 있다고 합니다. 세상 아래 영원한 것은 없습니다. 포기하지 않으면 기회는 또 찾아옵니다. 절망하지 않고 적절하게 거리를 두며 기다리면 관계는 다시 좋아질 수 있습니다. 이 또한 지나갑니다. 한쪽 문이 닫히면 다른 문이 열립니다.

운동하면서, 또 삶을 살아내면서 갈고닦은 실력과 마음은 우리의 멘탈을 진정으로 빛나게 해줍니다. 오늘도 저는 체육관에서 멘탈 갑들을 만납니다. 한 점을 내주더라도 늘 다치지 않게 세심한 플레이를 합니다. 자신보다 실력이 모자란 분들과도 즐거운 마음으로 격려하며 경기에 임합니다. 운동할 수 있도록 배려해준 가족들에게 고마운 마음을 갖습니다. 대회에 나가면 처음 보는 상대편 선수에게 웃으며 악수를 청합니다. 즐거운 게임이 되기를 바라며 서로 응원하고 심판의 판정에 따릅니다. 포기하고 싶을 때 한 발

더 움직이고 준비합니다. 나의 파트너가 예측하고 대비할 수 있는 플레이를 합니다. 체육관에서 대회에서 일상생활에서 늘 운동하듯 살아냅니다. 긍정적인 방식으로 얻어낸 깨달음을 실천하고 노력하며 살아갑니다.

결국 운동 멘탈 갑이 인생의 진정한 슈퍼 갑이 되는 것입니다.

운동 향유력 기르기

이 책의 마지막 부분을 읽고 있다면, 이제 운동이 나의 삶과 내 아이의 삶에서 점점 중요해지고 있다는 혹은 중요해질 수 있다는 희망을 품으셔도 좋을 것 같습니다. 운동이 삶에서 중요해지고 있다는 말은 운동을 좋아하고 더 나아가 운동을 사랑한다는 의미일 것입니다. 우리는 왜 운동을 좋아하고 운동과 사랑에 빠지게 되는 것일까요? 진정으로 운동을 사랑한다는 것의 의미는 무엇인지 생각해보신 적이 있으신가요? 이유가 분명하고 의미가 또렷한 가치 있는 일일수록 흔들리지 않는 삶의 중심이 됩니다. 그런 의미에서 운동하는 진짜 이유를 생각해보려고 합니다.

저는 운동을 하는 진짜 이유가 3겹살 때문이라고 말하고 싶습니다. 앗! 삼겹살이 아니고 3겹살? '삼겹살'을 위한 운동이라고 하면, 돼지고기 삼겹살을 맛있게 먹기 위해 운동한다고 오해받을까 봐 그렇습니다. 물론, 실제로 음식을 맛있게 먹기 위해 운동한다는 사람도 많습니다. 제가 생각해도 삼겹살과 치킨은 언제나 진리인 듯합니다. 먹는 행복을 극대화하기 위해 운동하는 것도 나쁘지 않습니다. 운동을 아예 안 하는 것보다 그렇게라도 운동이랑 친해지면 좋은 일이니까요. 또 다른 맥락에서 삼겹살을 위한 운동이라고 쓰면, 출렁이는 뱃살 타파를 위해 운동한다는 뜻으로 전달될까 봐 3겹살이라고 했습니다.

우리는 3겹살 때문에 운동합니다. '3겹살을 위한 운동이라고? 그렇다면 그 3겹살이라는 게 무언가 중요한 의미를 가질 텐데, 대체 무엇일까?' 이렇게 호기심을 가져주시면 좋겠습니다. 또한 이번 글에서는 '운동 향유력'을 다룰 텐데 '운동 향유력과 3겹살이 무슨 관계가 있는 거지?' 하고 의

아해하실 수도 있습니다. 그렇다면 일단 성공입니다.

운동 향유력은 3겹의 중층구조로 이루어진 운동 소양입니다. 사실 운동뿐 아니라 우리가 하는 모든 일은 겉과 속이 어우러져 심오한 깊이를 뿜어냅니다. 운동 향유력은 성숙한 인생을 둘러싸고 있는 세 가지 차원과 닮아 있습니다. 이 세 가지 차원의 겹은 운동하면서 단단해지고 살이 붙습니다. 3겹살을 위한 운동이 되는 것입니다. 다시 말해서 운동을 하면 운동 향유력이 향상되고, 이 향유력은 세 겹의 중층구조로 되어 있습니다. 운동을 제대로 배우고 즐기고 실천하면 길러지는 것이 바로 운동 향유력입니다.

그럼 지금부터 운동을 통해 얻게 될 운동 향유력의 세 가지 차원을 살펴보겠습니다.

첫 번째는 '능력'입니다. 운동하면 운동능력이 생깁니다. 능력은 무엇인가를 실행해낼 수 있는 실질적인 힘과 기술입니다. 능력을 높이기 위해서 우리는 다양한 분야에 도전하고 무언가를 배웁니다. 앞서 말했듯이, 저는 지금 배드민턴에 빠져 있습니다. 매일의 삶에서 배드민턴을 실천하면서 배드민턴의 다양한 기술을 배우고 체력을 기르기 위해

힘씁니다. 배드민턴 게임을 제대로 즐기기 위해서는 신체적인 능력을 키우는 과정이 반드시 필요하기 때문입니다. 배드민턴을 통해 스매싱, 드라이브, 서브, 헤어핀 등 다양한 스트로크를 배우고 구사할 수 있게 되었습니다. 경기 규칙을 이해하고 심판도 볼 수 있습니다. 셔틀콕을 치는 타이밍을 파악하며 순발력과 집중력도 좋아졌습니다.

더 쉬운 이해를 위해 3겹살이라는 주제에 어울리게끔 요리와 운동을 비교해보겠습니다. 요리를 좋아하면 요리 실력도 나아지게 됩니다. 재료를 썰고, 다지고, 씻고, 다듬는 건 요리의 기본입니다. 그렇게 다듬은 재료로 된장찌개를 끓이고 떡볶이도 만들 수 있게 됩니다. 갖가지 김치를 담고, 각종 레시피를 두루 섭렵합니다. 요리할 수 있는 실제적인 능력이 쌓이게 됩니다.

운동하며 기른 체력이 요리할 때 도움이 되는 것은 말해 무엇하겠습니다. 운동하며 기른 운동능력이 비단 요리할 때만 도움이 될까요? 운동은 삶의 모든 영역에서 빛을 발합니다. 운동을 함으로써 체력과 지구력이 좋아지고, 다양한 운동에 도전할 수 있게 됩니다. 그리고 운동이 아닌 다른 것들에도 도전할 수 있는 자신감이 생기게 됩니다.

두 번째는 '지혜'입니다. 운동을 하면 지혜로워집니다. 배드민턴 경기를 치르며 배드민턴 전술을 이해하고 로테이션의 효율성을 생각합니다. 파트너의 장점을 살릴 수 있는 경기 상황을 만들기 위해 코트를 효율적으로 사용합니다. 공격과 수비 상황에 적절한 스트로크가 무엇인지 판단하는 운동 머리가 생깁니다. 날씨, 상황, 파트너, 종목에 따라 무엇을 조심하며 어떤 준비를 해야 하는지도 생각하게 됩니다.

요리하며 쌓는 지혜도 이와 비슷합니다. 재료의 특징에 따라 보관법을 달리합니다. 잡내를 잡기 위한 원리를 깨우치고 다른 요리에도 응용합니다. 언제 어디서 어떤 재료를 저렴하게 구매할 수 있는지 '요리 머리'가 생깁니다. '백종원 레시피'보다 '내 맘대로 레시피'가 더 맛있을 때도 있습니다.

운동에서 얻은 상황을 파악하고 적절한 전략을 구사하는 지혜는 요리할 때나 삶의 여러 과정에서도 도움이 됩니다. 상황을 종합적으로 파악하고 유연하게 대처하는 능력이 부족하면 경기를 제대로 치를 수 없습니다. 운동은 매 순간 불 앞에서 많은 고민과 판단을 하며 신속하게 음식을 만들어내는 과정과 비슷하기 때문입니다. 그래서 운동 머리가 좋아지면 다양한 분야에서 성공할 확률이 높아집니다.

운동을 통해 얻을 수 있는 세 번째는 우리가 '마음(씀씀이)'이라고 부르는 차원입니다. 한 마디로 운동을 하면 심성이 좋아집니다. 배드민턴을 배우고 사랑하게 된 사람이 보여줄 수 있는 태도나 자질을 의미하는 것입니다. 초보자들을 배려하며 겸손한 자세로 경기에 임합니다. 경기는 절대 혼자 할 수 없는 것임을 이해하고 파트너와 상대 팀 선수들에게 고마운 마음을 갖습니다. 예로써 경기에 임하고 이기고 지는 것보다 더 중요한 것들에 대해 생각하게 됩니다. 스포츠맨십이 삶의 모든 영역에서 빛을 발하게 되는 순간을 맞이하는 것입니다.

운동을 통해 깊어진 마음은 성숙한 요리사의 마음 씀씀이와도 비슷합니다. 요리의 가치를 깨달은 셰프는 사랑의 마음을 담아 정성스럽게 요리합니다. 먹는 사람의 행복을 생각하며 즐거운 마음으로 요리합니다. 좋은 재료를 쓰고자 노력하고 건강한 요리법을 늘 실천합니다. 플레이팅에도 정성을 다합니다. 요리가 예술의 경지에 오르게 됩니다. 요리에 영혼을 담으면 그 요리는 우리의 영혼을 보듬어줍니다.

이렇게 운동을 제대로 배우면, 즉 운동에 온 마음과 정성을 다하여 입문하게 되면, 우리는 운동에 겹겹이 숨겨진 맛과 멋 그리고 가치와 의미를 깨닫게 됩니다. 그 겹은 능력, 지혜, 심성의 3겹으로 되어 있습니다. 이것을 체지덕(體智德)이라고도 표현합니다. 운동능(運動能), 운동지(運動智), 운동심(運動心)이라고 말할 수 있습니다. 운동을 온전히 향유할 때 우리는 이 세 가지 차원을 경험할 수 있습니다. 운동 향유력이 깊어지고 넓어지는 것입니다. 우리의 능력이 향상하고 지혜가 쌓이며 심성이 고와집니다. 이 세 가지를 위해 우리는 운동합니다.

사실 모든 일은 제대로 배우게 되면, 그리고 그 일을 잘하기 위해서 성심을 다하면 깨달을 수 있는 일들이 모두 3겹으로 되어 있다고 해도 과언이 아닙니다. 좋은 음악을 연주하는 연주가도 이와 비슷한 차원을 경험합니다. 연주를 할수록 실력이 향상되며 지혜가 쌓이고 사랑하는 마음을 담아 연주합니다. 영화를 만드는 사람도 가르치는 사람들도 이와 비슷한 방식으로 성장하고 성숙합니다.

우리는 이 사실을 역사 속에서도 확인할 수 있습니다. 워털루 전쟁을 아시나요? 1815년, 영국과 프로이센 연합군이 나폴레옹이 이끄는 프랑스군과 벌인 전쟁입니다. 당시 영국군을 지휘했던 웰링턴 장군은 나폴레옹의 군대를 격파하고 이런 말을 남깁니다. "워털루 전쟁의 승리는 이튼의 운동장에서 결정되었다." 승리의 공을 병사들에게 돌린 장군의 겸손이 멋집니다. 동시에 승리의 비결을 정확하게 파악하고 있는 지혜로움에 다시 한번 놀라게 됩니다. 웰링턴 장군은 이튼 칼리지(Eton College)를 졸업한 병사들이 운동장에서 경험한 그 '무엇' 때문에 워털루 전쟁에서 이길 수 있었다고 말합니다. 도대체 이트니언*이 운동장에서 무엇을 경험했기에 나폴레옹이라는 거인을 무너뜨릴 수 있었던 것일까요?

당시 영국 전사자 가운데는 영국의 명문학교 이튼 칼리지를 졸업한 사람이 많았습니다. 1440년 개교 이래 1815년 워털루 전쟁, 제1차와 제2차 세계 대전, 그리고 지금까

---

* 이트니언(Etonians)은 이튼 칼리지의 재학생과 졸업생을 자랑스럽게 생각하여 칭하는 말입니다.

지 겪은 크고 작은 시련 속에서도 600년을 한결같이 이어온 전통에 승리의 비결이 숨어 있었습니다. 바로 체육활동이지요. 이튼 칼리지에서 제일 중요한 교과목은 체육이며, 이트니언이라면 누구나 체육활동에 적극적으로 참여해야 합니다. 뿐만 아니라 매주 화요일과 목요일 오후가 되면 의무적으로 스포츠 활동에 참여해야 합니다. 축구와 럭비, 폴로, 유도를 포함한 다양한 스포츠 활동에 참여합니다. 체육을 통해 함께하는 공동체 정신, 페어플레이, 책임감, 리더십, 협동심, 용기와 존중 등 다양한 덕목들을 함양하게 됩니다.

이튼은 자신만 아는 엘리트를 원하지 않습니다. 매일 운동장에서 갈고닦은 스포츠 활동을 통해 체화된 덕목들이 핏빛으로 물든 워털루 전쟁에서도 그 빛을 잃지 않았습니다. 주변을 위하고 상황이 어려울 때 선두에 나설 줄 아는 진정한 리더십을 발휘하는 것이 이트니언의 자세입니다.

수많은 이튼의 졸업생들이 지금까지도 영국을 이끄는 리더로서 자리매김하고 있습니다. 트라팔가르 해전을 승리로 이끈 넬슨 제독, 경제학자 케인스, 세계적인 문호 헉슬리와 조지 오웰뿐 아니라 20여 명의 역대 영국 총리들도 이트니언이었습니다. 스스로를 진정한 시대의 리더로 여기며 건강한 삶을 살아낸 사람들입니다. 체육과 스포츠 활동의 진정한 가치가 빛나는 순간입니다. 워털루 전쟁의 승리 비결은 운동장에서 갈고닦은 운동능력과 지혜, 그리고 스포츠맨십 정신에 있었습니다.

운동 향유력의 핵심은 '제대로, 성심을 다함'에 있습니다. 누구나 그 모든 겹겹을 경험하며 성숙하는 것이 아니기 때문입니다. 우리의 영혼을 포함한 모든 삶의 국면을 진정으로 풍요롭게 살찌우는 3겹살을 위한 운동이 될 수 있도록 계속해서 노력해야 하는 것입니다. 마치 좋은 부모가 되는 과정과 같습니다. 그 끝은 없습니다. 다만 어제보다 좋은 부모로 성숙하기 위해 노력하는 과정만 있을 뿐입니다. 아이를 진심으로 사랑하기에 아이에 대한 이해와 지혜를 쌓아가며 끊임없이 노력하는 것입니다.

제대로 성심을 다해 노력하기 위해서 필요한 것이 바로 사랑입니다. '사랑하는 느낌'과 '사랑'을 착각해서는 안 됩니다. 사랑은 노력을 수반하는 가치 있는 행동입니다. 힘든 것과 불행한 것을 구분하며, 불평하지 않고 책임지는 행함이 사랑입니다. 수고를 두려워하지 않고 부지런히 노력합니다. 이렇게 사랑을 품고 노력할 때 얻을 수 있는 것이 향유력입니다. 운동 향유력은 저절로 함양되지 않습니다.

어떻게 노력해야 운동 향유력이 함양될까요? 운동을 몸으로 하는 것과 더불어 운동에 대한 소양을 하나하나 쌓아가야 합니다. 이러한 소양은 다양한 체험을 통해 쌓을 수 있습니다. 운동하기, 읽기, 쓰기, 듣기, 보기, 그리기, 말하기, 만들기, 생각하기가 그것입니다. 운동을 하고, 읽고, 쓰고, 듣고, 보고, 그리고, 말하고, 만들고, 생각할 수 있는 기회를 의도적으로 만들어야 합니다. 스스로 좋아하는 종목부터 시작하면 좋습니다. 혹은 아직 해보지는 않았지만 관심이 생기는 종목도 좋습니다.

아이와 함께 스포츠를 주제로 한 영화와 노래를 보거나 듣습니다. 자신이 하는 운동을 주제로 시를 써봅니다. 운동화나 공을 그림으로 그려봅니다. 스포츠를 주제로 한 예술 작품도 관람합니다. 매일 운동하며 달라지는 몸과 마음의 변화를 일기로 써봅니다. 운동을 주제로 한 책들을 찾아서 읽습니다. 인터넷 서점에 '달리기'를 검색해보세요. '걷기'나

'줄넘기', '배드민턴'도 좋습니다. 운동과 관련된 수천 권의 책이 여러분을 기다리고 있습니다. 이러한 과정을 통해 운동이 삶의 자연스러운 부분으로 자리매김하게 됩니다. 스포츠를 문화로써 총체적으로 경험하게 되는 것입니다.

어떤가요? 오늘도 3겹살을 위한 운동을 하셨나요? 아니면 삼겹살만 맛있게 먹고 있나요? 뱃살 공주나 왕자가 되실지, 행복 여왕 또는 왕이 되실지 오늘 여러분의 선택에 달려 있습니다.

다시 말하지만 3겹은 저절로 좋아지고 성숙해지지 않습니다. 다양한 분야의 경험을 전제로 하는 활동입니다. 운동은 3겹, 즉 인생의 세 가지 차원을 성장시키는 중요하고 필수적인 방법일 수 있습니다. 그러나 더 중요한 것은 골고루 체험하는 것입니다. 몸을 키운다고 단백질만 섭취하면 안되겠지요. 물도 먹고, 탄수화물도 먹고, 각종 비타민과 무기질도 골고루 먹어주어야 하듯이 골고루 체험해야 합니다.

먹는 것만 신경 쓰면 몸집만 커질 뿐입니다. 운동뿐만 아니라 대화도 하고, 책도 보고, 글도 쓰며 내면을 성장시키는 일에도 힘써야 사람다운 사람으로 성장하게 되는 것과 같은 이치입니다. 다양한 방식으로 폭넓게 체험할 때 스포츠와 운동의 가치를 새로운 시각에서 재발견할 수 있게 됩니다. 이렇게 쌓은 운동 향유력은 평생 올바르게 운동과 스포츠를 실천할 수 있는 길잡이별이 되어줄 것입니다. 더 나아가 참 좋은 사람으로 성장하고 성숙할 수 있는 발판을 마련해줄 것입니다. 운동하는 것도 중요하지만 사랑하는 마음을 담아 온전히 배우고 다양하게 체험하는 것도 매우 중요하다는 사실을 꼭 기억하세요. 몸을 움직이는 것도 물론 중요하지만, 그것이 운동의 전부라고는 말할 수 없으니까요.

사랑하는 자녀가 어릴 때부터 운동을 온전하게 향유할 수 있는 기회를 주는 멋진 부모님이 되시길 희망합니다. 그래야 우리 아이가 운동에 대한 소양을 지닌 바른 인재로 자라날 수 있습니다. 의도적으로 그리고 계획적으로 운동과 스포츠를 즐길 수 있는 기회를 주는 것이 중요합니다. 그리고 스포츠를 주제로 한 여러 가지 작품들을 읽고, 쓰고, 듣고, 보고, 그리고 말하고, 만들고, 생각할 수 있는 기회를 잘 만들어가는 것이 진정으로 스포츠가 우리 아이의 평생 친구이자 효자 종목이 되는 지름길입니다. 현재 배우고 있거나 실천하고 있는 스포츠를 진정으로 사랑하고 향유하며 운동 소양을 쌓으시길 소망합니다. 사랑하는 자녀와도 이와 같은 경험을 체계적으로 공유할 방법을 늘 고민하시길 바랍니다.

이렇게 운동을 경험할 때, 스트레스 제로 운동이 총체적인 모습으로 드러나게 됩니다. 동그란 평면의 제로가 온전히 영글고 둥근 중층구조를 가진 입체적인 구로 재탄생하게 되는 것입니다.

제로 운동 전략

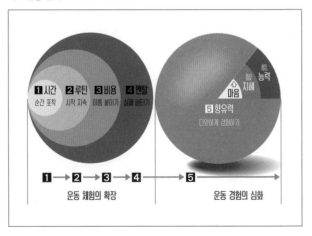

우리의 시작은 늘 그렇듯 제로입니다. 그 제로도 사랑과 노력이 쌓이면 겹겹이 살이 오릅니다. 커지고 단단해집니다. 외형은 성장하고 내면은 성숙합니다. 운동도 살아가는 것도 모두 그렇습니다. 지금 그대로의 모습인 제로를 인정하고 앞으로 나아가기 위해 노력하는 여러분의 그 모습을 사랑합니다. 운동과 함께 참 좋은 사람으로 성장하는 우리가 되길 소망합니다.

아이에게 남겨줄 단 한 가지

"엄마, 사는 게 너무 힘들어요.

앞으로 저는 어떻게 살아야 하죠?"

"세 가지만 기억하면 된단다.

운동할 것, 운동할 것, 운동할 것!"

저는 알고 있습니다. 어느 날 마이 프레셔스, 그녀가 길을 잃게 될 것을요. 살아 있는 한 시련이 없을 수는 없습니다. 실패, 좌절, 죽음, 이별 등은 살아 있는 존재가 늘 직면해야 하는 현실입니다. 다만 제가 이 세상에 없는 그런 날에도 딸아이가 자신에게 닥친 시련을 잘 극복해서, 더 여유로운 마음으로 살아가길 기도할 뿐입니다. 그러려면, 운동해야 합니다. 세 가지를 명심하라고 해놓고 운동만 하라고 하면 어떻게 하냐고요? 조금 더 살을 붙여서 이야기하면 고개가 끄덕여지실 거라 믿습니다.

사는 게 너무 힘들 때, 운동하면 됩니다. 아니, 힘든데 어떻게 운동을 해요? 하고 반문하실 수도 있습니다. 여기에서 운동의 의미는 그저 몸을 움직이라는 뜻입니다. 마음이 힘들 때, 일단 몸을 움직여보세요. 설거지도 좋고 산책도 좋습니다. 우리의 마음은 몸이 움직일 때 쉼을 얻습니다. 그리고 안 풀리는 인생, 답답한 운명은 움직일 때 그 길이 보입니다. 운명(運命)의 '운'은 운동(運動)의 '운'자와 같습니다. 운명은 결국 고정된 것이 아니라 변하는 것입니다. 움직일 때 우리는 기회를 얻을 수 있습니다. 아무것도 안 하면 아무 일도 안 생깁니다. 모든 움직임은 변화와 행운의 시작입니다. 행운을 부르는 삶으로 자신의 운명을 바꾸고 싶다면 어찌 되었든 움직여야 합니다.

사는 게 힘들수록 운동해야 합니다. 사실 인생은 살면 살수록 힘듭니다. 감당해야 할 짐들도 많아집니다. 인생은 고해입니다. 인생은 이유도 없이 우리에게 수많은 변화구를 던집니다. 강한 나무는 부러지고, 모난 돌은 정을 맞습니다. 유연하게 버티는 자만이 살아남을 수 있습니다. 살아남는 놈이 이기는 것입니다. 버티려면, 몸도 마음도 건강해야 합니다. 운동이 우리를 버틸 수 있게 만들어줍니다. 운동이 인생이라는 시합장에서 한판승을 보장해주는 것은 아니지만, 운동을 안 하면 한 방에 훅 갈 수 있는 게 인생입니다. 건강하게 살아내려면 운동해야 합니다.

사는 게 힘들다면 운동해야 합니다. 힘들게 살지 않기 위해서 우리는 반드시 운동해야 합니다. 머리가 나쁘면 손발이 고생한다는 말이 있습니다. 지혜롭지 못하면 늘 같은 실수를 반복하며 오늘을 어제처럼, 내일도 오늘처럼 살아가게 될 뿐입니다. 운동을 하면 지혜로워집니다. 항상 계획하고 준비하게 되고, 사람들과 다양한 방식으로 소통하게 됩니다. 몸을 움직이면 뇌가 싱싱해집니다. 운동하면 생각도 몸만큼 유연해집니다. 행복한 결혼생활까지는 아니더라도 힘들게 살고 싶지 않다면, 운동하는 배우자를 만나세요. 미련 곰탱이보다는 여우가 낫습니다.

저는 알고 있습니다. 먼 훗날 마이 프레셔스, 그녀가 제가 없는 하늘 아래서 나지막이 속삭이게 되리라는 것을요.

"엄마! 엄마 말이 맞았어요. 사랑은 변하고 사람은 떠나도 운동은 남아요. 운동할 수 있어서 오늘도 행복해요!"

아이와 함께 관심 있는 스포츠 분야의 책을 찾아 읽으며 오늘부터 운동에 대한 소양을 쌓으시길 추천합니다. 책 읽기도 좋고 영화 감상도 좋습니다. 마음이 이끄는 것부터 가벼운 마음으로 도전해보세요.

제목	저자	출판사	장르	영역
농구 스타가 된 이사벨라	맥밀란교육연구소	을파소	학습만화	농구
등신불: 김동리 단편집	김동리	다림	동화	농구
여자도 달릴 수 있어!	아네트 베이 피멘텔	청어람아이	동화	달리기
에베레스트: 지구상에서 가장 높은 산 이야기	상마 프랜시스	찰리북	동화	등산
뉴욕의 발레리나	엘레나 페누치	예림당	만화	무용
발레 하는 할아버지	신원미	머스트비	동화	무용

오합지졸 배구단 사자어금니	강민경	파란자전거	동화	배구
5번 레인	은소홀	문학동네	동화	수영
내일도 야구	이석용	창비	동화	야구
소리 질러, 운동장	진형민	창비	동화	야구
플레이 볼	이현	한겨레아이들	동화	야구
으랏차차 뚱보 클럽	전현정	비룡소	동화	역도
꿈이 있다면 이루지 못할 것은 없다.	최재성	페이퍼북	에세이	종합
10대와 통하는 스포츠 이야기	탁민혁, 김윤진	철수와영희	에세이	종합
세상에 대하여 우리가 더 잘 알아야 할 교양: 스포츠윤리, 승리 지상주의의 타개책일까?	로리 하일	내인생의책	에세이	종합
세상에 대하여 우리가 더 잘 알아야 할 교양: 스포츠자본, 약일까, 독일까?	닉 헌터	내인생의책	에세이	종합
공을 차라 공찬희!	조경숙	밝은미래	동화	축구
공포의 어린이 축구단	야키니비쉬	중앙출판사	동화	축구
소크라테스 아저씨네 축구단	김하은	주니어김영사	동화	축구
꼬불꼬불한 컬링 교과서	김대현 외	생각비행	교양	컬링
탁구와 룽산	창신강	페이퍼북	동화	탁구
피겨에 빠진 걸	장세정	현북스	동화	피겨
리바운드	에릭 월터스	파라주니어	실화소설	휠체어농구

참고
문헌

김영숙. 《오늘 육아》. 북하우스. 2020.

김헌경. 《근육이 연금보다 강하다》. 비타북스. 2019.

댄 애리얼리 외. 《루틴의 힘》. 정지호 옮김. 부키. 2020.

로버트 마우어. 《아주 작은 반복의 힘》. 장원철 옮김. 스몰빅라이프. 2016.

류한빈. 《저녁 루틴의 힘》. 동양북스. 2021.

명진. 《힘 좀 빼고 삽시다》. 다산책방. 2019.

박산호. 《어른에게도 어른이 필요하다》. 북라이프. 2018.

박정은. 《바쁜 사람은 단순하게 운동합니다》. 웨일북. 2021.

밴저민 하디. 《최고의 변화는 어디서 시작되는가》. 김미정 옮김. 비즈니스북스. 2018.

손대식. 《자식들에게만 전해주는 재테크 비밀수첩》. 지식과감성#. 2018.

엄진성. 《욜로 재테크》. 학현사. 2018.

에이미 모린. 《나는 상처받지 않기로 했다》. 유혜인 옮김. 비즈니스북스. 2015.

오은영. 《내 아이가 힘겨운 부모들에게》. 녹색지팡이. 2015.

웬디 우드. 《해빗》. 김윤재 옮김. 다산북스. 2019.

윤슬. 《시간관리 시크릿》. 담다. 2020.

윤옥희. 《초등 공감 수업》. 메이트북스. 2020.

이낙림. 《올어바웃바디》. 치읓. 2018.

이동현. 《순식간에 한 달이 사라지는 당신을 위한 스마트폰 시간 활용 백서》. 정보문화사. 2019.

이성종. 《당신 아들, 문제없어요》. 가나출판사. 2020.

이영애. 《잠자기 전 15분, 아이와 함께하는 시간》. 위즈덤하우스. 2017.

임석민. 《돈의 철학》. 다산북스. 2020.

정진수·장재동·김재은·정혜연·박용준·조여종. 《고수의 스마트폰엔 특별한 앱이 있다》. 나비의활주로. 2020.

정현천. 《포용의 힘》. 트로이목마. 2017.

정정권. 《하루 3분 하버드 성공학》. 에듀진. 2020.

제이크 냅·존 제라스키. 《메이크 타임》. 박우정 옮김. 김영사. 2019.

조경임. 《내 심장 사용법》. 21세기북스. 2019.

조안나. 《슬픔은 쓸수록 작아진다》. 지금이책. 2020.

조지 S. 클래이슨. 《바빌론 부자들의 돈 버는 지혜》. 좋은번역 옮김. 책수레. 2021.

최배근. 《호모 엠파티쿠스가 온다》. 21세기북스. 2020.

최의창. 《스포츠 리터러시》. 레인보우북스. 2018.

최의창. 《스포츠 리터러시 에세이》. 레인보우북스. 2021.

칩 히스·댄 히스. 《순간의 힘》. 박슬라 옮김. 웅진지식하우스. 2017.

타라 브랙. 《자기돌봄》. 김선경 엮음. 이재석 옮김. 생각정원. 2018.

팀 보노. 《괜찮아지는 심리학》. 정미나 옮김. 알에이치코리아. 2019.

하재준. 《미라클 액션》. 라온북. 2020.

한혜원. 《초등 감정 사용법》. 생각정원. 2019.

홍기빈·김공회·윤형중·안병진·백희원. 《기본 소득 시대》. arte. 2020.

BJ 포그. 《습관의 디테일》. 김미정 옮김. 흐름출판. 2020.

KBS 〈운동장 프로젝트〉 제작팀. 《운동하는 아이가 행복하다》. 해냄. 2018.

우리 아이가 운동을 시작했어요

지 은 이 천지애

펴 낸 날 1판 1쇄 2021년 11월 1일

대표이사 양경철
편집주간 박재영
진   행 배혜주
편   집 강지예
디 자 인 박찬희

펴 낸 곳 골든타임
발 행 처 ㈜청년의사
발 행 인 이왕준
출판신고 제2013-000188호(2013년 6월 19일)
주   소 (04074) 서울시 마포구 독막로 76-1(상수동, 한주빌딩 4층)
전   화 02-3141-9326
팩   스 02-703-3916
전자우편 books@docdocdoc.co.kr
홈페이지 www.docbooks.co.kr

ISBN 979-11-971678-2-9 (03590)

책값은 뒤표지에 있습니다.
잘못 만들어진 책은 서점에서 바꿔드립니다.